メイカーのための
ねじのキホン

門田 和雄 著

技術評論社

はじめに

　近年，自分自身でイノベーティブなものづくりに取り組むメイカー（Maker）が日本でも増加しており，その活動の場であるデジタルものづくりの市民工房であるファブラボが広がりを見せています。また，その成果発表の場であるMaker Faire（メイカーフェア）なども多くの出展者及び来場者がおり，広がりを見せています。2019年8月に開催されたMaker Faire Tokyo（メイカーフェア東京）では，はじめてSchool Maker Faire（スクールメイカーフェア）のゾーンも設けられ，学校単位での出展も見られました。

　このような盛り上がりを見せている，メイカーによるものづくりであるファブリケーション。パソコンが1台あれば，モデリングをする3D CADもプログラミングの開発環境等もフリーで使用できてしまいます。そして，これらの取り組みをデジタルファブリケーションやパーソナルファブリケーションと呼ぶこともあります。

　これらをコンピュータ画面上の仮想空間で操作するだけでなく，3D CADで製作した3Dデータを3Dプリンタから出力した部品を組み合わせて何らかの動くしくみであるメカニズムを動かそう，それらの動きの元となる電気モータをプログラミングで制御しようとしたときに，いろいろと問題が発生することが多々あります。具体的には「動かしたい部分をどのように動かしたいのか」「固定しておきたい部分をどのような方法で固定したいのか」などに関する事項です。

　見よう見まねのファブリケーションでもそれなりに意義はありますし，自分自身で壁を乗り越えていくことは重要なことです。しかし，限られた時間や予算の中でのファブリケーションを上手く進めていくためには，先人たちが学び伝えてくれている知識や技術を活用しない手はありません。

　現在，諸外国の小中学校では，将来の子どもたちに必要な教育であるとして，課題解決及び問題解決的な学びを重視して取り組んでいます。一方，日本の義務教育ではものづくりに関する教育が中学校の技術科のみであり，高等学校ではまったく学ぶ時間がありません。すなわち，技術に関する事項を学ぶ場所がほとんどないのです。それでも先に述べた，School Maker Faireでは工業高校などの専門高校だけでなく，普通科の進学校などにもデジタルファブリケーション工作機械を導入して，課題解決及び問題解決的な取り組みをする学校があることが見受けられました。また，ファブラボでは，リタイヤされたエンジニアの皆さんが，それまでに覚

えたスキルを活かして，若者たちに教えたり，一緒に取り組んだりするなどの光景も見られるようになっています。

　前置きが長くなりましたが，これらの文脈のなかで登場する本書のテーマは「ねじ」です。「何だねじか」と思われるかもしれませんが，「たかがねじ，されどねじ」。工業的にもねじは欠かせないものとして「産業の塩」とよばれることもあります。

　デジタルファブリケーションが広まるなかで，動くものを作ろうとするときには，その動くしくみであるメカニズムを知っておく必要があります。また動く部品を固定するための方法も知らないといけません。このようなとき，必然的に歯車やねじなどの機械要素が用いられます。本来ならばこれらの知識や技術は，工業高校や大学工学部で学ぶのですが，今やメイカーはこれらの学校に通った方々以外にも広がっています。そんな方々がそれらの基礎知識を身に付けるための1冊が本書です。

　「ねじは締めたいときにはきちっと締まってゆるまないように，かつゆるめたいときには簡単にゆるまるように」という相矛盾する性質を求められる機械要素です。永久に固定したいのならば，各種接着剤による接着，金属ならば溶接という方法で別々の部品を一体化する方法もあります。ところが，部品を取り外しする必要がある箇所など，ねじでなければ困るというファブリケーションは多々あるのです。

　なお，本書では，ねじを実用的に活用するための知識や技術だけでなく，実際に工場でねじを製造するねじ工場やねじを流通させているねじ商社なども紹介していきます。また，ねじが締結用だけでなく，その形状やデザインを生かしたファブリケーションをされている事例なども紹介したいと思います。ねじに関わるお仕事をされている方は予想以上に多いことがわかることでしょう。

　世の中にある「ねじ」は直径1mm以下のものから直径数十cmのものまで，大きさも材質もさまざまです。また，ねじに関係する仕事をされている方々もさまざまです。そんなさまざまな「ねじ」が私たちの生活を支えているということを実感していただきながら，自らもねじを使いこなすことができるメイカーになってほしいと思い，著者がこれまで出会ってきた，たくさんのねじ関係者から教わったことを集大成した1冊にまとめました。

　本書の出版にご尽力いただきました技術評論社の佐藤丈樹氏に厚くお礼を申し上げます。

2022年1月　門田和雄

目次

第5章　メイカーのためのねじの未来

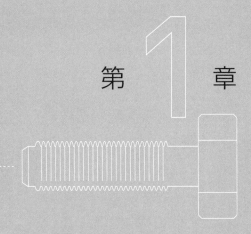

第 **1** 章

メイカーのための
ねじ

1.1　Maker Faire（メイカーフェア）とは

　Maker Faire Tokyo（メイカーフェア東京）は，誰でも使えるようになった新しいテクノロジー（カードサイズの小型コンピュータ，センサ，3D プリンタ，ロボット，AI，VR など）をユニークな発想で使いこなし，皆があっと驚くようなものや，これまでになかった便利なものを作り出す「メイカー（Maker）」が集い，展示とデモンストレーションを行うイベントです。

　2011 年までこのイベントは Make：Tokyo Meeting（メイク東京ミーティング）という名称で開催されており，最後の 4 回は東京工業大学の大岡山キャンパスで開催されていました。著者はこの時期にこのイベントを知り，当時勤務していた東京工業大学附属科学技術高等学校の生徒たちとロボットを出展したことはよい想い出として記憶に残っています。

　また，現在各地に存在するデジタルものづくりの市民工房であるファブラボが日本でオープンするきっかけになったのもこの Make：Tokyo Meeting でした。2010 年 5 月に開催された Make：Tokyo Meeting にて，多摩美術大学の久保田晃弘教授らが FabLab Japan（ファブラボジャパン）の設立を宣言しました。その 1 年後，2011 年 5 月には，日本ではじめてのファブラボが鎌倉とつくばに生まれ，2021 年現在，日本には 17 カ所のファブラボがあります。著者らは 2013 年 8 月，世界ファブラボ代表者会議が横浜で開催されたときに横浜・関内地区にファブラボ関内（図 1.1）を立ち上げて，活動を続けています。

　世界で開催されている Maker Faire のはじまりは 2006 年にアメリカのサンフランシスコ州サンマテオで開催された　Maker Faire Bay

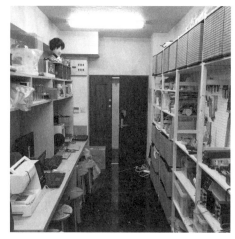

図 1.1　ファブラボ関内

Area（メイカーフェアベイエリア）でした。2012年からは諸外国のMaker Faireと同じく来場者から入場料を徴収するようになるとともに，会場を東京お台場の日本科学未来館，そして東京ビッグサイトへと場所を変えながら，ますます規模を大きくしながら発展しています。Maker Faireにはやや小規模のMini Maker Faire（ミニメイカーフェア）があり，これまでに，大垣，山口，筑波で開催されてきました。また，2019年5月には東京以外ではじめてのMaker FaireとなるMaker Faire Kyoto（メイカーフェア京都）が開催されました。また，2020年1月にはSendai Micro Maker Faire 2020が開催されています。今後ますます，日本中にメイカーの文化が広がっていくことが期待されます。

なお，Maker Faireという名称は米国Maker Media社の登録商標となっており，日本では株式会社オライリー・ジャパン社がライセンスを受けて使用しているため，無許可で使用することはできません。

ところがMaker Faire Tokyo 2019年が開催される直前に，Maker Media社の資金難による事業停止と従業員の解雇について報道が行われ，関係者に激震が走りました。このとき，Maker Media社の創業者兼CEOであるデール・ダハティ（Dale Dougherty）氏は，「Maker Media社の事業停止はライセンスを受けて開催されているMaker Faireの開催に影響がない」ことを明言して，無事に開催されました。スポンサーの減少による資金難とのことですが，日本のMaker Faire Tokyoはますますの盛り上がりを見せています。

なお，Maker Faireと名乗らない同様のイベントも広がりを見せています。2015年に富士ゼロックスの社員有志が「みなとみらい地区の企業間交流のきっかけになれば」と始めた横浜ガジェットまつりは，手作りのガジェットや発売されたばかりのガジェットが横浜に一堂に会して，見たり触ったり開発者に話を聞いたり，大人から子どもまで 誰もが楽しめる体験型交流イベントです。2017年からは横浜市経済局も共催として参画しイベントを盛り上げています。

このように大人から子どもまでイノベーティブなものづくりに取り組むメイカーが日本でも増加しているなか，形のあるものづくりには欠かせない機械要素である「ねじ」を適切に選定して活用できる能力の必要性は，ますます高まっています。

1.2　ねじの歴史

　ねじ業界内では、「たかがねじ、されどねじ」という表現がよく言われます。これはねじが歯車やばねなどと並ぶ代表的な機械要素として重要な役割を果たしているにも関わらず，世間一般ではこのことがなかなか認識されていないと感じられるからです。ところが，私たちのまわりを見渡してみると，さまざまなところでねじを見つけることができます。どうして，私たちはこれほどねじに囲まれているのでしょう。もしもねじがなかったら，私たちは何か困ることがあるでしょうか。

　ここで『ねじとねじ回し』（ヴィトルト・リプチンスキ著，春日井晶子訳，2003年に早川書房より出版，2010年に早川文庫NFからも出版）という本を紹介したいと思います。原著は2001年に『One Good Turn』というタイトルで出版されており，その副題には『A Natural History of the Screwdriver and the Screw』とあります。これは『ねじ回しとねじの博物誌』と訳すことができます。この本では，「この千年間で最高の道具（工具）は何か？」に関するエッセイを依頼された著者が，自宅にある工具箱をのぞいて，いろいろと探しているときに，妻から「いつも家に置いている道具があるわ。ねじ回しよ」と言われたことをきっかけとして，ねじの起源を探るという内容です。

　現在のねじの原形が生まれたのは中世とされますが，ねじを「螺旋を応用した人工物」まで広げると，紀元前3世紀頃にアルキメデスが発明した揚水ポンプ（図1.2）にまでさかのぼることができます。

　また，木の棒にねじ山を刻んで，これを横から別の棒で回転させたときの運動を

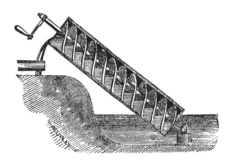

図 1.2　アルキメデスの揚水ポンプ

軸の圧縮運動に変換させて，ぶどうやオリーブの実を圧搾してぶどう酒やオリーブ油を作るねじプレスは紀元前の時代から使われていました。その後，15世紀にドイツにてグーテンベルクが発明した活字印刷機は，インクを塗った活字版をねじプレスで紙に押し付けるというものでした。この活版印刷による聖書の普及は宗教改革の広がりに大きく貢献するとともに，金属加工によるプレス機の基礎にもなりました。なお，現在でも新聞や雑誌のことをプレスというのは，この圧力をかける装置の名残とされています。

　レオナルド・ダ・ヴィンチ（1452 〜 1519）は，16世紀のルネサンス期に活動したイタリアの画家として知られており，「モナ・リザ」や「受胎告知」「最後の晩餐」などの名画を残しました。一方，ダ・ヴィンチはエンジニアとして機械学，空力学，天文学，水理学，軍事技術などのさまざまな分野で活躍した発明家でもあります。そんな彼が残した言葉に，「機械学あるいは工学は最も高貴で，他のすべての科学にもまして有益である」というものがあります。彼は鳥の飛行を観察して，羽根の動きや重心の移動などを考察しながら，「人間が空を飛ぶことは絶対に可能だ」として，さまざまな飛行機械のスケッチも残しています。螺旋状の羽根を高速回転させ空気を押し下げれば空を飛べるとした飛行機械はヘリコプターの先祖とされます。

　彼は他にも自ら考案したさまざまなアイデアをスケッチに残しており，すべてが実現されたわけではありませんが，そのなかにねじの加工原理がスケッチされていました。これは現在のタップやダイス（図1.3）に相当するものであり，またねじを加工するねじ切り盤のスケッチ（図1.4）も残しています。

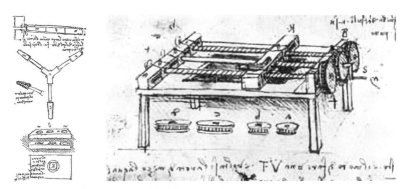

図 1.3　タップ・ダイスのスケッチ　図 1.4　ねじ切り盤のスケッチ

　2019年はレオナルド・ダ・ヴィンチの没後500年にあたり，イタリアなど各地でさまざま記念展が開催されました。著者もイタリア・ミラノにあるレオナルド・ダ・ヴィンチ記念国立科学技術博物館や同じくフィレンツェ郊外のヴィンチ村にある彼の生家を整備したレオナルド生家博物館（図1.5）やレオナルド・ダ・ヴィンチ博物館などを訪問して，ねじの展示物（図1.6）を見学するなど，ねじの分野でも大きな貢献をした偉大な発明家に思いを馳せてきました。特に生家に向かう途中で眺めた，オリーブ畑が広がるトスカーナ地方の光景は忘れられません。ちなみに，レオナルド・ダ・ヴィンチとは「ヴィンチ村のレオナルドさん」という意味とのことです。

図 1.5　ダ・ヴィンチの生家

図 1.6　博物館のねじ

　残念ながら，ダ・ヴィンチが残したねじ切り盤のスケッチは当時の技術では実現することが難しかったようです。金属製のねじを量産できるようになったのは，その後，1800年頃にイギリスにてヘンリー・モーズリー（1771〜1831）がねじ切り用の旋盤（図1.7）を発明したときとされています。これはろくろの原理によって工作物を回転させ，これに刃物をあてて加工する方法を発展させて，刃物を台に固定することでねじ山を精密に加工するものでした。モーズリーの旋盤が生み出した精密機械部品は，人間の手仕事を工作機械に代えたことにとどまらず，ねじの標準化にも大きな貢献をしました。そして，同じ寸法の精密部品を量産できることは，当時普及しつつあった蒸気機関の製造にも役立ちました。この旋盤の基本原理は200年以上経過した現在でも変わっていないことからも，偉大な発明であったといえます。なお，モーズリーが開発したねじ切り旋盤は1857（安政4）年に日本にも輸入され，徳川幕府の製鉄所にて軍需用のねじが製造されました。

　日本ではねじよりも先に古墳時代から，鉄を槌でたたいて四角に作る和釘が用いられてきました。607年に建立した世界最古の木造建築物である法隆寺にも多数の和釘が発見されています。線材から製造する洋釘は明治初期に輸入されるようになりました。1894（明治27）年に始まった日清戦争の頃には和釘は衰退してほとんどが輸入品の洋釘に代わり，その後は国内での製造が開始されました。

　一方，ねじの起源は1543（天文12）年にポルトガル人が種子島に漂流したとき，領主の種子島時堯が購入した火縄銃の銃底をふさぐための尾栓にあるとされています。

図1.7　モーズリーのねじ切り旋盤

　時尭はこれを刀鍛冶に与えて製造方法を研究させましたが，当時の日本にはねじの技術が存在していなかったため，なかなか作ることができませんでした。そこで苦悩する父のために，娘の若狭がねじの製造の秘密と引き換えに南蛮人に嫁いだとされる若狭姫伝説があります。残念ながら若狭姫がねじの製造方法を持ち帰ったという記録はなく，当時の人々は手工具でねじ山の成形をしたのです。もちろん精度にはばらつきがあり，ねじ山の互換性もありませんでしたが，火縄銃を製造するために必死でした。

　1860（安政7）年に遣米施設目付として訪米した小栗上野介忠順は，西洋文明の発展ぶりに驚愕して1本のねじを持ち帰り，「ねじは西洋文明の原動力なり」と有名な格言を残しました。その後，彼は徳川幕府のその必要性を説き，アメリカで見学した造船所を参考にして，フランスから人材及び資材の支援を受けながら，横須賀に製鉄所と港湾施設を建設しました。この事業の中心として活躍したのは，幕府の勘定奉行の小栗上野介忠順とフランス海軍技師のヴェルニーでした。小ねじのことを今でもビスと呼ぶことがあるのは，この造船所はフランスの援助で建設されたことの名残とされています。

　ここで使用されていた蒸気でハンマーを持ち上げて，それが落下する力で金属を加工するスチーム・ハンマー（図1.8）は，1866年（慶応2）年にオランダから輸入され，その後130年も太いねじをはじめとする船舶部品の製造に使用されていました。現在はJR横須賀駅近くにあるヴェルニー記念館（図1.9）に保存されており，日本の近代化を知るための観光スポットになっています。

図 1.8　スチーム・ハンマー　　図 1.9　ヴェルニー記念館

1.3　メイカーに欠かせないねじ

　複数の部品を組み合わせて形のある動くものを作ろうとしたときに必ずと言ってよいほど用いられるねじは，このような歴史的変遷を経て現在でも不可欠なものとして存在しています。しかし，ねじや歯車などの機械要素に関する基本的な知識や技術は機械系の学校にでも通わない限り，なかなか教わる機会がありません。ところが，メイカーとして「ねじ」の基礎的な知識や技術は不可欠なものであり，ねじ1本の選定を適当にすませてしまうことで，その製作物が台無しになってしまう可能性もあるのです。

　一般的なものづくりの場合にねじの製作からはじめることは少なく，世の中に出回っている規格品のなかから選定する力が求められます。これらの規格品は先人たちが長いものづくりの歴史の中で，必要性が高いとして規格化して容易に手にすることができるように引き継いできたものです。

　現在世の中では，新しい市場の開拓や新機軸の導入など革新的な取り組み全般に対してイノベーションという言葉が多く用いられています。この言葉は，1911年にオーストリア出身の経済学者であるヨーゼフ・シュンペーターによって，初めて定義されました。彼によると，イノベーションとは，新しいものを生産する，あるいは既存のものを新しい方法で生産することであり，生産とはものや力を結合することです。そして，イノベーションの例として，(1) 創造的活動による新製品開発，(2) 新生産方法の導入，(3) 新マーケットの開拓，(4) 新たな資源の獲得，(5) 組織の改革などをあげています。日本では最初に，イノベーション＝技術革新と訳されてしまっため，イノベーション＝新技術を使った革新的で画期的な物というように思われる節がありますが，本来はもっと広い意味を含んでいるのです。

　現在，イノベーションを起こして世の中を変革したいという人は数多くいることと思います。ところが，イノベーションと言っても，これまでさまざまなものを作り出してきた先人たちの知恵を使わずに，突然素晴らしいアイデアが思い浮かぶことはほとんどありません。多くの場合，イノベーションとは既存のあるものとあるものとを上手く組み合わせて，「あっ，その手があったか！」というようなところから始まるはずです。

　もちろん，もっとゆるまないねじを開発してイノベーションを起こそうという人

もいることでしょう。しかし，多くのメイカーにとって，ねじとは締結を中心とした適切なはたらきをさせるために使用するものであり，そのために適切な選定や活用が求められていると思います。すなわち，イノベーションを語る前に先人たちから引き継がれてきたさまざまな種類のねじを適切に選定して活用できることが重要となります。もちろん，このことはねじに限ったことではありません。機械要素で言えば，ねじや軸受，歯車などの選定と活用も同様です。また，モータやLEDなどの電気部品についても同様です。すなわち，先人たちが蓄積してきた技術の基礎を身に付けておくことがイノベーションへの近道ということもできるでしょう。

　自分にとって不可欠なものについて"No ○○，No LIFE"として○○にあてはめて標語を作ることがあります。すなわち「○○がなかったら生きていけない」「○○のない人生なんて（ありえない）」というような意味です。ねじは英語で表記するとscrewやfastenerとなります。また，ねじ山のことをthreadといいます。メイカーにとってねじとは"No SCREWS，No LIFE"，すなわち「ねじがなかったら生きていけない」と言ってよいほど，重要な役割を果たしているのではないでしょうか。著者の研究室には，レーザー加工機で"NO SCREWS NO LIFE"という文字をレーザー加工機で，カットして製作したプレート（図1.10）が置いてあり，日々この言葉をかみしめながら，メイカーとしての活動に励んでいます。

図 1.10　NO SCREWS NO LIFE のプレート

　英語のscrewは，螺旋状の山をもつ棒状の部品を広く表すのに対して，締結部品としての「ねじ」はfastenerと表記するのが一般的です。日本語ではfastenerとい

うとチャックやジッパーをイメージする方が多いかもしれませんが，やや使い方が異なります。ウォッカをオレンジジュースで割るカクテルをScrew driverと言いますが，これは建築現場の作業員がねじ回しでかき混ぜて飲んだことに由来するそうです。

　また，英語のボルト（bolt）は，ナット（nut）と併用するねじ部品をいいますが，日本語では必ずしもナットとは併用せず，相手部材のねじ穴にねじ込む場合にも用いられます。

　本書ではこれから「ねじ」という言葉を数多く使用していくため，あらかじめ「ねじ」という言葉の語源について考えておきましょう。想像できる方も多いかと思いますが，ねじの語源は「ねじる」に由来します。漢字で表記すると「捩る」や「捻る」となるため，「捩子」や「捻子」と表記して「ねじ」と読ませることもあります。また，ねじ山を表す「螺旋（らせん）」の「螺」をとり「螺子」と表記して同じく「ねじ」と読ませることもあります。

　ところで「ねじ」のことを「ネジ」とカタカナ表記をすることがよくあります。これまで説明してきたように，とくに「ねじ」は外国語の単語に由来する外来語ではありません。日本産業規格であるJIS（Japanese Industrial Standards）の用語集でも「ねじ」とひらがな表記になっているため，本書でも「ねじ」と表記することにします。

　ところで，私は本書の執筆にあたり数多くのねじ製造工場を見学させていただきました。その名称は〇〇製作所や□□工業，△△精工など，幅広くものづくりを行っていることが想像できる会社がある一方，ねじ製造に特化した会社には〇〇鋲螺，□□精螺，△△螺子などという名前も多く見受けられます。それぞれ「びょうら」，「せいら」，「らし，（または）ねじ」と読み，一目でねじを作っている工場であることが想像できますが，一般の方にも親しみやすくするために読みにくい「螺旋」の文字はあえて使わずにカタカナ名などに変更する会社も増えているようで，ややさびしい感じもします。

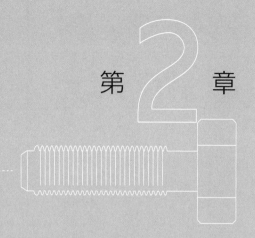

第 2 章

ねじを知る

2.1　ねじのはたらき

　それでは改めて，ねじのはたらきについて考えてみましょう。どうして，昔からねじは私たちのまわりに数多く存在していて，現在でも欠かせないものになっているのでしょうか。ねじのはたらきは以下のように分類されます。

① ねじは締結に用いられる

　機械や建築物，橋などの構造物は，複数の部品を組み合わせて作られており，ねじはこれらの部品の締結（図2.1）に用いられます。すなわち，ねじの主なはたらきは締結です。メイカーの皆さんがねじを使用する理由もこれが一番かと思います。永久に固定したいのならば，また金属をかしめて固定するリベットや金属を溶かして固定する溶接などの方法があります。ところが，ねじに求められるのは，永久に固定することだけではありません。ねじには「締めたいときにはきちんと締まってゆるまないように，かつゆるめたいときには簡単にゆるんでほしい」という相矛盾する性質を求められているのです。

　どのような原因でねじはゆるんでしまうのか，どうすればねじはゆるまないのかなど，どのような工具で締結するのがよいのかなど，ねじの締結に関する研究はさまざま行われています。しかし，未だに絶対にゆるまないねじは存在しません。そのため，ねじがゆるんだことを検知して締めなおしたり，ねじを交換するなどの作業が必要になります。

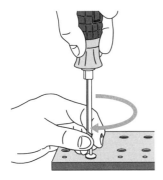
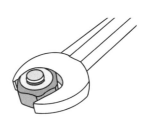

図 2.1　ねじの締結

② ねじは運動伝達に用いられる

　旋盤（図2.2）などの工作機械の送り装置やロボットの位置決め装置など，ねじはこれらの運動伝達に用いられます。先にも述べた，ぶどう酒やオリーブ油を作るねじプレス及びグーテンベルクが発明した活字印刷機などもねじを運動伝達に利用したものであり，歴史的には締結よりも運動伝達の方が古いのです。

　締結用のねじのねじ山が一般的に三角形なのに対して，運動伝達に用いられるねじは大きな力を伝達したい場合には正方形，高精度の位置決めが求められる場合には台形のものが用いられます。

③ ねじは計測に用いられる

　マイクロメータ（図2.3）などの計測器において，ねじ部品を回転させるつまみなど，計測に用いられます。ねじ部品には精密に溝が切られており，ねじの変位を拡大することで，小さな寸法を拡大して目盛りに示して，長さの計測を行います。

旋盤の台形ねじ
図2.2　運動伝達のねじ

マイクロメータ
図2.3　計測のねじ

　この他にも，各種装置のつまみとして微調整を行うねじ，水道の配管などを連結するねじ，万力やジャッキなど力を拡大するねじなど，ねじにはさまざまな役割があります。もしもねじがなかったら，このようなことができないと思うと，ねじのありがたさを改めて実感することができるでしょう。

2.2　ねじの規格

　ねじや歯車，ばねなどの機械要素が大量に使用されるようになると，それぞれが好き勝手な寸法で製作していると困ることが出てきました。A工場とB工場で，「直径が8mmで長さが40mmのねじを作ろう」と決めたとしても，そのねじに互換性はあるでしょうか？「ねじの山と谷の寸法は？」「ねじ山とねじ山の間隔は？」，ねじXとねじYとが等しいと言えるためには，ねじ各部の寸法をきちんと定義しておかなければなりません。メイカーが自身のために自分だけのねじを作って使うのならばよいのですが，誰かが作ったねじを買おうと思ったときには，ねじの寸法に関する情報がわからなければ，そのねじが使えるかどうかの判断ができません。もちろん，これらの数値を正しく測定できるノギスやマイクロメータなどの測定器も必要になります。

　金属製のねじが大量生産されるようになるとねじの規格を作成して，その各部寸法を統一しておく必要が生まれました。ところが，そもそも長さの単位であるメートルとインチが統一されておらず，ねじ山の角度も統一されていませんでした。

　ねじの規格を世界的に統一しようとする動きが出てくる前には，大きくわけて3つの規格が存在していました。1841年にイギリスで制定されて，その後，世界に普及したものがウイットウォースねじです。このねじは直径などの寸法をインチ，ねじ山の間隔は1インチあたりの山数で表し，ねじ山の角度は55°でした。また，1892年にドイツやフランス，スイスが協定して制定したものがメートルねじです。これはねじの寸法をメートルで表し，ねじ山の角度は60°でした。さらに，1948年にアメリカやイギリス，カナダが協定して制定したものがユニファイねじです。これはねじの寸法をインチで表し，ねじ山の角度は60°でした。

　現在，さまざまな国際規格を規定しているのは，スイス・ジュネーヴに本部を置く非営利法人であるISO（International Organization for Standardization，国際標準化機構）であり，1947年に設立されました。ISOは各国の代表的な標準化機関によって組織されており，2019年1月時点で，163カ国が参加しています。ISOが定める規格をISO規格といい，アイ・エス・オーまたはイソ，と読みます。

　ねじに関しても早くから国際的な統一が求められましたが，先に述べた3つの規格が制定されていたこと，また第二次世界大戦の勃発などにより，なかなか進みま

せんでした。ISOの設立後，ねじに関する規格に審議が続けられ，1960年代になり，先に述べた3種類のねじを統一した2種類のISOねじの規格が制定されました。すなわち，メートルねじの規格をISOメートルねじ，ユニファイねじの規格をISOインチねじとして制定されたのです。ISOねじの変遷を図2.4に示します。

図2.4　ISOねじの変遷

　一方，日本では1949年6月1日工業標準化法が交付されて，日本工業規格であるJISが制定されました。そして，さまざまな工業規格の一つとしてねじ製品類に関する規格も制定されたのです。先に述べたISOの制定には，日本からJISを制定する日本工業標準調査会（JISC）が代表として参加しています。

　2019年7月1日，日本工業規格（JIS）に関するいくつかの大きな改正がありました。経済産業省産業技術環境局基準認証政策課のJIS法改正の資料には次のようなことが明記されています。

(1) JISの対象拡大・名称変更

　標準化の対象にデータ，サービス，経営管理等を追加し，「日本工業規格（JIS）」を「日本産業規格（JIS）」に，法律名を「工業標準化法」から「産業標準化法」に改められました。

(2) JIS制定の民間主導による迅速化

　JIS制定手続きについて，専門知識等を有する民間機関を認定し，その機関が作成したJIS案について，審議会の審議を経ずに制定するスキームを追加しました。

（3）罰則の強化

　　国内素材メーカーの一連の品質データ不正事案の中で，JISマーク認証取消し
　　が発生したことを踏まえ，JISマークを用いた企業間取引の信頼性確保のため，
　　認証を受けずにJISマークの表示を行った法人等に対する罰金刑の上限を1億
　　円に引き上げました。

（4）国際標準化の促進

　　法目的に国際標準化の促進を追加するとともに、産業標準化及び国際標準化に
　　関する国、国研・大学、事業者等の努力義務規定を設けました。

　JISというと日本工業規格と記憶してきた方も多いかと思いますが，今後は日本
産業規格という呼称が一般的になるでしょう。

　日本産業標準調査会によると，標準化（Standardization）とは，「自由に放置すれ
ば，多様化，複雑化，無秩序化する事柄を少数化，単純化，秩序化すること」です。
また，標準（＝規格：Standards）は，標準化によって制定される「取り決め」と定
義されます。産業標準化への取り組みは，今後のグローバル社会において，ますま
す重要となってくることと思います。

　それでは国際規格であるISOと日本国内規格であるJISとの間にはどのような関
係があるのでしょうか？　単純に考えると，両者は同じであったほうが都合がよい
と思われます。しかし，各国それぞれねじに関する変遷が異なるため，必ずしもす
ぐにすべてが統一できるわけではありません。また，逆に新たな規格が制定されて
も，それがすぐにねじの市場に反映されないこともあるのです。

　どうして規格が国際的に統一された方がよいかというと，グローバルに工業製品
が展開していく中でねじはさまざまな製品に用いられています。そのような中で，
ある国だけが国際規格に一致していないねじを扱うということは，製品の品質保証
にも関係する大きな問題に発展する可能性があるのです。なお，規格とは，単にね
じのある部分の寸法を意味するのではなく，強度に関する保証なども含みます。な
お，ISOには図2.5，JISには図2.6に示すようなロゴマークがあります。

図 2.5　ISO のロゴマーク　　図 2.6　JIS のロゴマーク

　ISOとJISのねじの規格が異なることで問題になった事例をいくつか紹介しておきましょう。

① 日本写真機工業会規格との違い

　日本では古くからカメラ業界にて，ねじの外径である呼び径が2mm（M2）程度のねじが多く使用されていました。ここでMはメートルねじであることを表します。1954年4月に発足した日本写真機工業会（現カメラ映像機器工業会）では，日本写真機工業会規格としてM1.7，M2.3，M2.6などの寸法のねじを規格化していました。ところが，ISOで規定されたこの周辺の寸法は，M1.6，M2.2，M2.5などであり，わずか0.1mmですがずれが生じており，これでは一致しているとは言えません。ところが日本の写真機には従来からこの寸法の規格を採用してきたため，国内で流通させているぶんには特段の問題はなく，わざわざISOに統一するメリットは感じられません。しかし，いざこのねじを使用した製品を海外へ輸出することになると，国際規格のねじを使用していないことが，貿易問題にまで発展する可能性を持つことになってしまうのです。

　このような場合，JISはISOに一致される方向を目指していますので，正式な規格としては，M1.6，M2.2，M2.5を採用することにして，附属書という形でM1.7，M2.3，M2.6を残すこととしています。JISの文面にはこれらの寸法の隣に※印をつけて「※印を付けたねじは，JIS B 0205の附属書によるもので，将来廃止することになっているため，新設計の機器などには使用しないのがよい」という文言があります。ところがその後もこの附属書に書かれている寸法のねじは，マイクロねじ，カメラねじ，0番小ねじなどの俗称で，市場に流通しています。

② ピッチ違いの識別表示

　小ねじとして多く用いられる寸法に，M3，M4，M5などがあります。ねじは呼び径に応じて，ねじ山とねじ山の間隔であるピッチが規定されます。ISOでは，M3，M4，M5のねじに対応するそれぞれのピッチを0.5，0.7，0.8と規定しましたが，当時のJISはこれとは異なり，それぞれのピッチを0.6，0.75，0.9と規定していたのです。わずか0.1mmと0.05mmの違いであるため，目視ではまずわかりませんし，場合によってはM4でピッチが0.7のボルトとピッチが0.75のナットの締結ができてしまうこともあるでしょう。しかし，規格が統一されていないことは問題となります。

　そこで，ISOねじの導入によって1965年にJISが改正されたときに，それまでのJISは旧JISとして扱うことにしました。そして，旧JISとの識別のため，ISOのピッチのものは頭部に小さなくぼみ（・）のマーク（図2.7）を付けることにしたのです。現在でも，M3，M4，M5のねじをよく見てみると，この小さなくぼみを見かけることがあります。これは製造不良ではなく，重要な意味を表していたのです。しかし，新しく製造するねじにいつまでもこのようなくぼみをつけておくことは面倒なことです。そこでこのくぼみの指示は1968年に廃止されました。現在はくぼみをつけてねじを製造している工場はないと思われますが，廃止されて50年経過しても見かけるのは驚きです。

③ 二面幅の違い

　頭部形状が六角形の六角ボルトと六角ナットは締結に多く使用されています。この六角形を上から見て平行な部分の幅を二面幅（図2.8）と呼び，規格でその寸法が規定されています。この二面幅がISOとJISでわずかに異なっていたため，1985年のJIS改正により統一する方向となり，旧JISは附属書として残すことになりました。具体的にはM10，M12，M14，M22の旧JISがそれぞれ17，19，22，32mmに対して，ISOに準拠した新JISは16，18，21，34mmとなりました。わずか1～2mmの違いであるため，目視での識別も難しいレベルかと思いますが，このように変更になりました。しかし，このように附属書で残しておいたままではいつまでたってもなかなか統一の方向に進まないという問題点がたびたび指摘されることとなります。2014年4月21日付けで六角ボルトと六角ナットのJIS改正が行われま

図 2.7　識別のためのくぼみ

図 2.8　六角ボルトの二面幅

したが，附属書の技術的内容はそのまま存続することとなりました。ねじ業界では「2020年までにJIS本体規格品の生産・供給体制を整えます」また「新しい設計では使わないことが望ましい」としました。この背景には，未だに附属書品の流通がほとんどだという実状があります。たかだか二面幅の長さ 1mm くらいと思われるかもしれませんが，他にもボルト・ナットの組み合わせやボルトの強度区分に関することなども，盛り込まれているため，日本で製造されたねじが国際的標準として，世界中で活躍することが期待されています。

　ねじの規格について，かなり詳細なことまで紹介しました。メイカーの皆さんはここまで知らなくてもよいかもしれませんが，ねじ 1 本にもさまざまな種類があり，ある部分の寸法が世界標準と 1mm 異なるだけでも，どうにかしなければと問題意識をもって活動している方々がいることに思いを馳せて，少しでもねじに愛着をもっていただければと思います。

　なお，1975 年には，日本のねじ製造・販売業者で構成する唯一の全国団体であるねじ商工連盟がねじ業界の一層の発展を願い，6 月 1 日を「ねじの日」として制定しました。現在ではこの日をねじ業界の外にも広く知ってもらいたいということで，ねじの日のロゴ（図 2.9）を無償配布するなどしています。

図 2.9　ねじの日のロゴ

　さまざまなJIS規格が存在するなか，ねじのJIS規格もその一つとして存在しています。日本規格協会ではJIS規格を分野別のハンドブック1冊に集約したJISハンドブックを毎年発行しています。そのなかでねじに関するものは，2冊あります。ねじⅠには，ねじの用語・表し方・製図，ねじの基本，ねじ用限界ゲージ，ねじ部品共通規格，ねじⅡには，一般用のねじ部品として，小ねじ・止めねじ・タッピンねじ，木ねじ，ボルト，ナット，座金，ピン類，リベット，建築用や自動車など特殊用のねじ部品に関する規格がまとめられています。

　なお，日本国内において，ねじの基本及び締結用部品に関するJISの原案の作成にあたり，その制定や改正に協力すると共に，ISO関連の国内責任団体を勤め，案件の審議，意見書の作成・提案，国際会議への代表派遣などを行っているのは，日本ねじ研究協会です。また，ねじ工業の先進化および技術力強化を目指して設立された，ねじ製造業界唯一の団体として，日本ねじ工業協会があります。

　2021年版のねじに関するJISハンドブックは，ねじⅠはA5判で1056ページ，ねじⅡはA5判で1072ページ，合わせて2128ページもあります。メイカーの皆さんにもぜひご一読いただきたいところですが，予備知識なしにねじの規格を読みこなすことは難しいですし，すべてを読みこなす必要もありません。本書ではこのハンドブックに述べられている箇所について，メイカーの皆さんが知っておくとよいと思う箇所について，できるだけわかりやすく説明していきたいと考えています。

2.3　ねじ山の種類

　本書はメイカーのためのねじの本です。あらためて，ねじとは何かということを考えてみましょう。あなたが思い浮かべるねじはどのようなものでしょうか？ ねじのイラストを描いてみてください。

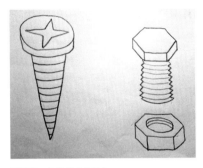

図2.10　**ねじのイラスト**

　図2.10の例を見てみましょう。左側のイラストは，ねじの頭部に十字のくぼみがあり，ねじ山と思われる部分は先がとがった円錐形です。右側のイラストは，ねじの頭部が六角形，ねじ山がギザギザで描かれており，ねじ部は太さが同じ円柱形です。また，六角形をしたはめ合う部品も描かれています。どちらのねじも実際に存在していそうですが，ねじの種類はどのように分類されるのでしょうか？

　まず，ねじ山がある部分に注目してみると，その形状が円錐形のものと円柱形のものがあります。この形状のように外側にねじ山があるものをおねじといいます。一方で六角形の中にある円柱形の内側にねじ山があるものをめねじといいます。すなわち，円柱形の外側にねじ山があるおねじと円柱形の内側にねじ山があるめねじとがかみ合うことになります。なお，円錐形にねじ山をもつねじはめねじを用いず，相手側の材料にねじ込んで使用することが多い形状です。そのため，相手の材料が硬い金属ではなく，柔らかい木材に用いられる木ねじとして用いられることが多くなります。ただし，実際には図2.11の左のイラストのように，全体が円錐形の木ねじはほとんどなく，円柱形をしているねじの先端部が尖った円錐形をしたものが多く存在します。

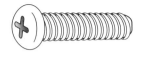
円柱形

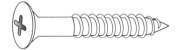
円錐形

図 2.11　ねじ山がある部分の形状

　ねじ山の形状を示すには，ねじの各部名称（図2.12）について知っておく必要があります。

　一般的なメートルねじでは，おねじもめねじもねじ山の角度が60度です。また，ねじ山とねじ山の間隔をピッチといいます。ねじの寸法を代表する直径のことを呼び径といい，おねじの外径及びめねじの谷の径の基準寸法が使われます。おねじの外径とはおねじの山の頂に接する仮想的な円筒（または円錐）の直径のことであり，これはめねじの谷底に接する仮想的な円筒（または円錐）の直径であるめねじの谷の径と等しくなります。また，おねじの谷の底に接する仮想的な円筒（または円錐）の直径をおねじの谷の径といい，これはめねじの山の頂に接する仮想的な円筒（または円錐）の直径であるめねじの内径と等しくなります。ねじ溝の幅がねじ山の幅に等しくなるような仮想的な円筒（または円錐）の直径を有効径といい，ねじの強度計算などで用いられます。

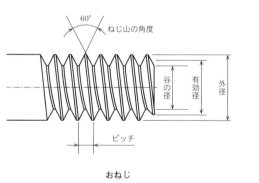

おねじ　　　　　　　　　　　　めねじ

図 2.12　ねじの各部名称

　円筒にねじ山がある場合，ねじ山は螺旋を描きます。ここで螺旋とは，3次元曲線の一種であり，回転しながら回転面に垂直成分のある方向へ移動する曲線のこと

です。試しに直角三角形を描いた紙を円筒に巻き付けてみると，この斜面は螺旋を描くことがわかります。この螺旋のことをつる巻き線ともいいます。また，ねじのつる巻き線に沿って軸の周りを一周するとき，軸方向に進む距離のことをリード，ねじ山のつる巻き線の接線と，その上の1点を通るねじの軸に直角な平面とがなす角度をリード角といいます（図2.13）。

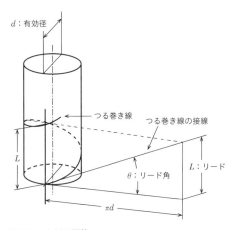

図 2.13　ねじの形状

　ところで，ねじのつる巻き線の方向には右回りのものが多く，これを右ねじといいます。通常，ドライバーでねじを回すときには右回転させることで締結ができます。一方，つる巻き線の方向には左回りの左ねじもあります。左ねじは，一般的に右回転する扇風機や換気扇の羽根を固定する回転軸がゆるまないようにする用途などに用いられます。右ねじと左ねじを図2.14に示します。

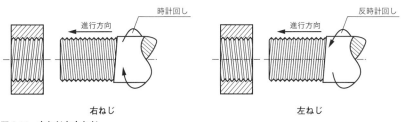

図 2.14　右ねじと左ねじ

　通常のねじは，リードとピッチが等しく，これを1条ねじといいます。これに対して，リードがピッチの2以上の整数倍に等しいねじを多条ねじといい，たとえばリードがピッチの2倍に等しいねじを2条ねじといいます。多条ねじは1回転あたりの進む量であるピッチを大きくとりたい場合に用いられることが多く，容器のキャップなどに用いられています。多条ねじはリード角が大きくなることからゆるみやすくなるため，1条ねじを締結する力より大きな締め付け力が必要となります。1条ねじと2条ねじを図2.15に示します。

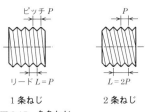

1条ねじ　　　　　2条ねじ

図 2.15　**多条ねじ**

　ねじの山の頂と谷底とを連絡する面をフランクといい，ねじの締結ではここにはたらく力が重要となります。フランクは軸線を含んだ断面形では一般に直線です（図2.16）。ねじ込みの際に，その品物の進行方向に対面するフランクを進み側フランク，進み側フランクの反対側のフランクを追い側フランクといいます。また，ねじ込まれて荷重がかかった際，直接荷重を受ける側のフランクを圧力側フランク，圧力側フランクの反対側のフランクを遊び側フランクといいます。さらに，ねじの軸線を含んだ断面形において測った個々のフランクが軸線に直角な直線となす角をフランク角といいます。

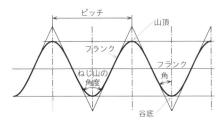

図 2.16　**フランクなどの名称**

　三角ねじは締結用に用いられる代表的な形状であり，ねじ山の角度は60度が一般的です。他の形状と比較してゆるみが少なく，加工も容易であるため，幅広く用いられています。小型の3Dプリンタの伝動軸には，三角ねじをもつ直径10mm程度の全ねじ棒が用いられているのを見かけますが，運動用としてはこの程度までがよいと思われます。

　台形ねじはねじ山の断面が台形をしており，三角ねじより斜面の角度が大きく，軸方向の精度を出しやすいという特長があるため，運動用のねじとして，工作機械の親ねじや測定器の測定軸などに用いられます。

　角ねじはねじ山の断面が正方形をしており，三角ねじより小さな回転力で軸方向に移動できるため，プレスやジャッキなどに用いられます。

　のこ歯ねじは三角ねじと角ねじを組み合わせたような形状をした非対称な形状をしています。軸方向の力を一方向だけはたらかせて，速やかにゆるめることができるため，万力やプレスの締め付けに用いられます。

　丸ねじは台形ねじに丸みをつけた形状をしており，電球の口金のねじのような薄い金属製のねじに用いられます。

　実際の規格では各部の寸法や角度などが細かく規定されていますが，ここでは図2.17にこれらのねじの大まかな形状を示しておきます。

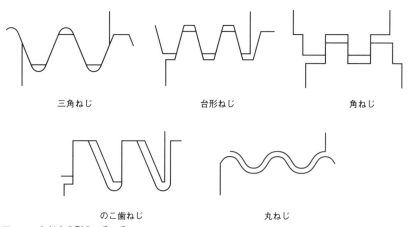

三角ねじ　　台形ねじ　　角ねじ

のこ歯ねじ　　丸ねじ

図 2.17　ねじ山の形のいろいろ

　ミリメートルで表記されるメートルねじに慣れてきた頃に必ず出くわすのがイン
チねじです。海外製品のねじが外れたとき，その呼び径を測定するとねじ山は同じ
60°なのに，どうしてもメートルねじで規定されている寸法でないことがあります。
そんなときにインチねじの知識が必要になります。なお，1インチは25.4mmです。

　日本はメートル法を採用しているので，日常生活でも長さの単位はメートルを使
用しています。ところが，米国など数カ国はこれを採用していません。私たちの身
の回りでも，パソコンのディスプレイやジーンズのサイズなど，インチのほうが通
じる製品もあります。すなわち，これはねじの問題ではなく長さの単位の問題に起
因します。なお，航空機業界では以前からインチねじが使用されています。

　ISOにおいても，これを完全に統一させることができないため，JISにおいても
ISOねじの規格をユニファイねじとして規定しています。一般的にはインチねじと
呼ぶこともありますが，JISでの正式名称はユニファイねじです。

　メートルねじとユニファイねじのJISを紹介しながら，その違いを見ていこうと
思います。

● メートルねじ

　一般用メートルねじの山形形状及び呼び径M3 ～ M12のサイズを抜粋したもの
を表2.1に示します。まず，メートルねじの山の角度は60°です。その他の各部分
の寸法も細かく規定されています。例えば，呼び径M6のところを右に読んでいく
と，ピッチが1mm，ひっかかりの高さが0.541mm，そして，おねじの外径，有効径，
谷の径，めねじの谷の径，有効径，内径の数値を読み取ることができます。ここか
ら，ねじの基本である「おねじの外径はめねじの谷径」を確認することもできます。
なお，1欄，2欄，3欄という箇所は，数字の小さな1欄を第1選択することを推奨
するという意味です。呼び径M7やM9のねじは規格にはありますが，ほぼ市場性
がありませんので，購入することはないと思いますが，自らでねじの製作を行うと
きなどでも，無意味に奇数の呼び径を採用しないようにするとよいでしょう。

表 2.1　一般用メートルねじの基準山形と基準寸法

（出典：JIS B 0205 より抜粋）

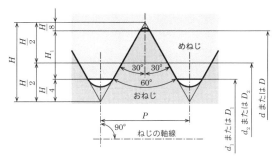

$$H = 0.866025P \qquad D = d$$
$$H_1 = 0.541266P \qquad D_2 = d_2$$
$$d_2 = d - 0.649519P \qquad D_1 = d_1$$
$$d_1 = d - 1.082532P$$

単位：mm

呼び径			ピッチ	ひっかかりの高さ	めねじ		
1欄	2欄	3欄	P	H_1	谷の径 D	有効径 D_2	内径 D_1
					おねじ		
					外径 d	有効径 d_2	谷の径 d_1
M3			0.5	0.271	3.000	2.675	2.459
	M3.5		0.6	0.325	3.500	3.110	2.850
M4			0.7	0.379	4.000	3.545	3.242
	M4.5		0.75	0.406	4.500	4.013	3.688
M5			0.8	0.433	5.000	4.480	4.134
M6			1	0.541	6.000	5.350	4.917
		M7	1	0.541	7.000	6.350	5.917
M8			1.25	0.677	8.000	7.188	6.647
		M9	1.25	0.677	9.000	8.188	7.647
M10			1.5	0.812	10.000	9.026	8.376
		M11	1.5	0.812	11.000	10.026	9.376
M12			1.75	0.947	12.000	10.863	10.106
	M14		2	1.083	14.000	12.701	11.835
M16			2	1.083	16.000	14.701	13.835
	M18		2.5	1.353	18.000	16.376	15.294
M20			2.5	1.353	20.000	18.376	17.294
	M22		2.5	1.353	22.000	20.376	19.294
M24			3	1.624	24.000	22.051	20.752

　もちろん，この表をすべて暗記する必要はありませんが，各部の寸法の詳細が知りたくなったときに探すことができるようにしておくとよいです。ここではJISの実際を紹介したいということもあり，代表的な一般メートルねじの規格を抜粋して紹介しました。

　なお，1998年に廃止されるまでは，一般用メートルねじにはこちらで紹介した寸法のものを並目として，より細かいピッチの細目が存在していました。

● ユニファイねじ

　ユニファイ並目ねじの山形形状及び基準寸法を抜粋したものを表2.2に示します。まず，ユニファイねじの山の角度はメートルねじ同様に60°です。その他の各部分の寸法もメートルねじと同様に細かく規定されています。

　なお，ユニファイ並目ねじ（UNC）のほかに，同じ呼び径でピッチが細かいユニファイ細目ねじ（UNF）が存在します。

　ユニファイねじの基準寸法はまず呼び径の欄を読みます。こちらでもできるだけ1欄を使用することが推奨されています。ユニファイねじの呼び径を見ると，No.0，No.2というようにNoで示されているものと，1/4や3/8というように分数で示されているものがあります。これはどのように読めばよいのでしょうか。まず，Noで示されているものですが，これは型番なので覚えるしかありません。次の分数については，インチでの寸法を表しています。1インチは25.4mmなので，1/8インチは約3.175 mmになります。よって，3/8の場合はこれに3をかけることで，9.525㎜となります。これはメートルねじのM10より少し細くてピッチは似ているため，間違えやすいのです。なお，ねじの呼びが1/4とあるのは，2/8を約分したもの，1/2とあるのは，4/8を約分したものです。この表の最後にねじの呼び径1とありますが，おねじの外径が25.4mmからわかるように，1インチです。

　ユニファイねじではねじ山の間隔であるピッチの考え方がメートルねじと異なります。すなわち，ピッチの概念は1インチ（＝25.4mm）の中に何山あるかで表すのです。例えば，ねじの呼びが3/8のものでは，1インチあたり16個の山があります。表には参考として，メートルに換算した値であるピッチ1.5875mmも載っています。このあたりを参考にすると，メートルねじとの寸法の違いがわかるかと思います。

　ところで，ねじ業界にはインチ呼びに対応した和文読みというものが存在します。すなわち，3/8を「さんぶ」と読むのです。これはよいのですが，1/4を「にぶ」と呼ぶのは2/8，1/2を「よんぶ」と読むのは4/8というように約分をする前の分母に由来しています。

表 2.2　ユニファイ並目ねじの基準山形と基準寸法

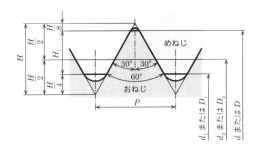

（出典：JIS B 0206：1973 より抜粋）

$$P = \frac{25.4}{n}$$

$$H = \frac{0.866025}{n} \times 25.4$$

$$H_1 = \frac{0.541266}{n} \times 25.4$$

$$D = d$$
$$D_2 = d_2$$
$$D_1 = d_1$$

$$d = (d) \times 25.4$$

$$d_1 = \left(d - \frac{0.649519}{n}\right) \times 25.4$$

$$d_2 = \left(d - \frac{1.082532}{n}\right) \times 25.4$$

単位：mm

ねじの呼び		ユニファイ並目ねじの基準寸法					
		UNC		ひっかかりの高さ H_1	めねじ		
					谷の径 D	有効径 D_2	内径 D_1
1欄	2欄	ねじ山数 (25.4 mm) につき n	ピッチ P （参考）		おねじ		
					外径 d	有効径 d_2	谷の径 d_1
No. 0							
	No. 1	64	0.3969	0.215	1.854	1.598	1.425
No. 2		56	0.4536	0.246	2.184	1.89	1.694
	No. 3	48	0.5292	0.286	2.515	2.172	1.941
No. 4		40	0.635	0.344	2.845	2.433	2.156
No. 5		40	0.635	0.344	3.175	2.764	2.487
No. 6		32	0.7938	0.43	3.505	2.99	2.647
No. 8		32	0.7938	0.43	4.166	3.65	3.307
No. 10		24	1.0583	0.573	4.826	4.138	3.68
	No. 12	24	1.583	0.573	5.486	4.798	4.341
1/4		20	1.27	0.687	6.35	5.524	4.976
5/16		18	1.4111	0.764	7.938	7.021	6.411
3/8		16	1.5875	0.859	9.525	8.494	7.805
7/16		14	1.8143	0.982	11.112	9.934	9.149
1/2		13	1.9538	1.058	12.7	11.43	10.584
9/16		12	2.1167	1.146	14.288	12.913	11.996
5/8		11	2.3091	1.25	15.875	14.376	13.376
3/4		10	2.54	1.375	19.05	17.399	16.299
7/8		9	2.8222	1.528	22.225	20.391	10.169
1		8	3.175	1.719	25.4	23.338	21.963

● 管用ねじ

　水道管などの管，管用部品及び流体機器などの接続に用いられるねじを管用ねじといいます。ねじ山の角度が55°とメートルねじの60°より小さいため，ねじ山の高さが大きくなります。管用ねじはさらに管用平行ねじと管用テーパねじに分類されます。管用ねじのJISはISOに準じており，記号では，管用平行おねじをG，管

用テーパおねじをR，管用テーパめねじをRc，管用平行めねじをRpで表し，ねじ
の呼びやねじ山の大きさはインチで示します。ところが，今でもPTやPSなどと表
記する旧JIS規格が残っている場合があります。それぞれの基準山形をそれぞれ図
2.18及び図2.19に示します。

　管用平行ねじは機械的結合を主目的とする管用ねじです。よく見かける灰色の
塩化ビニルの管や継手などにも用いられています。おねじとめねじが平行であるた
め，どこまでもねじ込むことができます。ねじ部に耐密性はないため，ゴムパッキ
ンなどで止水をします。

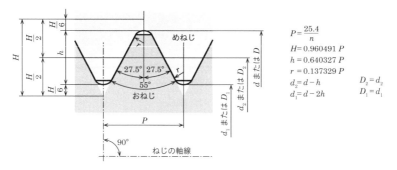

図2.18　管用平行ねじの基準山形

　管用平行ねじの呼びはG1/16 ～ G6が規定されています。その一部を抜粋したも
のを表2.3に示します。

表2.3　管用平行ねじの基準寸法

単位：mm

ねじの呼び	ねじ山数(25.4 mmにつき) n	ピッチ P	ねじ山の高さ h	おねじ 外径 d / めねじ 谷の径 D	有効径 d_2 / 有効径 D_2	谷の径 d_1 / 内径 D_1
G 1/8	28	0.9071	0.581	9.728	9.147	8.566
G 1/4	19	1.3368	0.856	13.157	12.301	11.445
G 3/8	19	1.3368	0.856	16.662	15.806	14.950
G 1/2	14	1.8143	1.162	20.955	19.793	18.631
G 3/4	14	1.8143	1.162	26.441	25.279	24.117
G 1	11	2.3091	1.479	33.249	31.770	30.291
G 2	11	2.3091	1.479	59.614	58.135	56.656

　管用テーパねじは1/16のテーパをもつ，ねじ部の耐密性を主目的とするねじです。適切にねじ込んでいくとおねじとめねじが密接にかみ合うため，気密性が高くなります。実際にはこれにシールをするなどしてさらに気密性を高めて使用します。テーパおねじとテーパめねじまたは平行めねじとのはめあいを図2.20に示します。基本的な組み合わせは，テーパおねじ＋平行めねじ，またはテーパおねじ＋テーパめねじとなります。

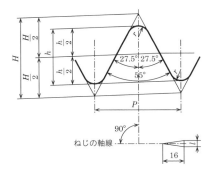

太い実線は，
基準山形を示す。

$$P = \frac{25.4}{n}$$
$$H = 0.960237\,P$$
$$h = 0.640327\,P$$
$$r = 0.137278\,P$$

図2.19　管用テーパねじの基準山形

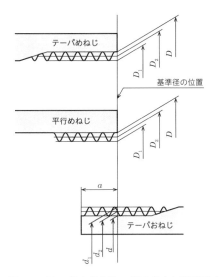

図2.20　テーパおねじとテーパめねじまたは平行めねじとのはめあい

2.4　ねじの種類

　ねじとは広い意味では何らかのねじ山をもつ機械部品ということができますが，ねじの規格ではねじ山の形状だけでなく，ねじの頭部形状や材料など，さまざま事項を規定しました。そこで生まれたのが一般的に規格品と呼ばれるねじです。これに対して，ある場所に使用するため，特別に作ったねじを特殊ねじといいます。

　個人のメイカーがホームセンターやインターネットの通信販売で購入できるのが主に締結に使用する規格品のねじです。何らかの部材をねじで締結したいと思ったら，まずは規格品から探すのが基本です。規格品と言っても実にさまざまな種類があるので，まずは代表的な種類を理解して，適切にねじの選定ができるようにしておきましょう。

2.4.1 ⊕ 小ねじ

① 頭部形状

　比較的呼び径の小さい頭付きのねじのことを小ねじといいます。厳密な定義はありませんが，おおよそ呼び径が8mm以下のものです。一般に規格品のねじは，ねじ頭部の頭（頭部形状及び頭部のくぼみ），ねじ山をもつ軸，頭と軸をつなぐ首，そしてねじの先端の先などから構成されます。

　ねじの頭部形状にはいくつかの種類があります。小ねじのなかで最も多く使用されるのは，上面の角に丸みの付いた，低い円筒形の平頭であるなべです。上面が平らで座面が円錐形の頭である皿は，ねじ締結面からねじ頭部を出したくない場合に使用します。上面に丸みの付いた皿頭である丸皿は，丸みの部分がねじ締結面から少し出るデザインの外観上が良いとの理由で選ばれます。

　ただし皿や丸皿は，頭部を隠すために締結したい部材側に円錐形の座ぐりと呼ばれる加工が必要です。この加工は皿もみとも呼ばれます。球の上部を切り取ったような外径が大きい頭であるトラスは，なべに比べて頭部の外径が大きく，頭の丸みが滑らかであるため，ねじの外観が目立ちにくくなっています。頭部が台形で上面に丸みの付いた径の大きな頭であるバインドは，トラスよりも若干外径が小さいですが，台形状の厚みがあり，強固なイメージがあります。なお，ねじの長さを表すとき，なべとトラス，バインドは頭部の厚みを含めませんが，皿と丸皿は頭部の

厚みを含めることに注意する必要があります。

　ここで紹介したねじの頭部形状を図2.21に示します。この図でねじの長さはL，ねじの呼び径はdの位置で表します。

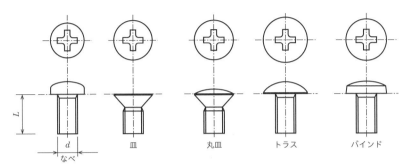

図 2.21　ねじの頭部形状

　皿ねじは頭部が平らになりますが，薄板などに締結したい場合などには，締結したい部材側に座ぐりを加工することができません。このようなときには，一般的なねじよりも頭部の高さが低い低頭ねじ（図2.22）が使用されます。まだ，JISなどでの正式な規格には採用されていませんが，部材側に加工することなく，省スペースや軽量化が実現できるため，市場に流通しています。ただし，あまり頭部が薄いと，十分な締め付けトルクが得られないという心配もあるため，大きなトルクがかかるような場所での使用には十分な検討が必要になります。

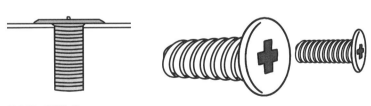

図 2.22　低頭ねじ

② 頭部のくぼみ

　小ねじの頭部には十字（プラス）のくぼみ（ねじ業界ではリセスという）があるのが一般的です。これをJISでは十字穴付きといいます。なお，十字穴の形状について，JISではH形，S形が1番から4番まで規定されています。なお，付属書ではZ形が規定されています。それぞれ溝部分の幅や深さが異なるため，ねじを締めるときのドライバーの形状もこれに合わせて選定する必要があります。

　H形は一般的に使用される十字穴であり，ねじ頭部の溝にドライバーの先端を合わせると自然に回転軸が合うため，作業性に優れます。米国のフィリップス・スクリュー社が特許を所有していたため，フィリップス形と呼ばれることもあります。

　S形は日本写真機工業会規格に準じており，呼び径が2mm以下の小ねじに使用されています。カメラやメガネ，携帯電話等に用いられている多くの小ねじはこちらの形状です。

　Z形は十字穴から45度ずれた位置に溝を設けてある，ねじを締め付ける際に生じるドライバーの浮き上がりであるカムアウトが起こりにくい形状です。欧州で開発された十字穴であり，ポジドライブ系とも呼ばれます。日本ではあまりみかけませんが，海外製品に用いられていることがあります。

　それぞれのくぼみの形状を図2.23に示します。十字穴が米の字に見えるようなものがZ形です。

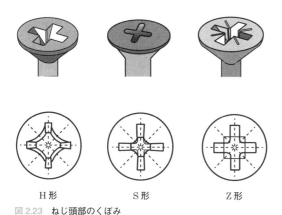

H形　　　S形　　　Z形

図2.23　ねじ頭部のくぼみ

　H形とZ形の形状は一見似ているため，どちらのドライバーでも使用できる寸法もあります。しかし，それぞれに対応したドライバーを使用しないと，適正な締め付けトルクが得られない，十字穴部を傷付けてしまいバリが発生する，十字穴部をなめてしまいドライバーの食いつきが悪くなる，などの不都合が発生することがあります。常に適切なサイズのドライバーを使用することを心がけましょう。

　なお，S形のくぼみをもつ小ねじはマイクロねじまたは0番小ねじともいい，日本写真機工業団体規格 (JCIS10-70) の精密機器用十字穴付小ねじに準拠しています。マイクロねじはねじの頭部サイズの違いによって，1種と3種が設定されており，一般的に流通している十字穴付き小ねじの頭部高さに比べて，1種が約50%，3種が約70%小さくなります。

　マイナスのくぼみであるすり割り付きの形状については，JISにおいてねじの呼びに対応したすり割りの幅と深さが規定されています。たとえば，M3のすり割り付き小ねじの場合，すり割りの幅は0.8mm，深さは0.85mmです。

　JISで規定されている，すり割り付き皿小ねじの形状・寸法を図2.24に示します。ここですり割りの幅はn，深さはtで示される部分です。なお，他の文字が示されている箇所は同じく寸法が規定されています。

　なお，十字穴付きとすり割り付きでは，圧倒的に十字穴付きの方が多く用いられています。その理由として，こちらの方がドライバーをあてたときに軸心の移動が少ないため，溝部分にしっかりとはまることがあげられます。

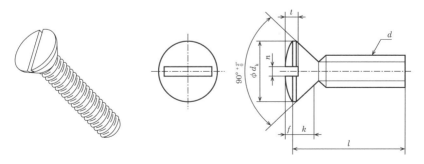

図 2.24　すり割り付き皿小ねじの形状・寸法

　現在では当然のように使用されている十字穴付きのねじですが，元々は米国の
フィリップス社が1935年頃に発明して，特許を取得しました。1930年代後半から
日本のねじ会社も特許契約をして製造を開始しましたが，1953年にフィリップス
形プラスねじの国内特許が満了になったため，1954年に十字穴付きねじのJISが制
定されました。それからは十字穴付きが急速に普及することになりますが，当時は
日本国内ではすり割り付きの方が一般的でした。

　また，日本に十字穴付きねじを広めるのに重要な役割を果たしたのは，ホンダ創
業者の本田宗一郎ともいわれます。本田氏は，1952年にヨーロッパの自動車産業
を視察したときに十字穴付きねじを持ち帰り，その後，自社の組み立て工場で採用
したのです（図2.25，参考：出水力「本田宗一郎とプラス（クロス）ねじ－ホンダの
現場にプラス（クロス）ねじの導入時期を巡って－」大阪産業大学経営論集第14巻
第1号，pp.91-103，2012）。

　その頃まではほとんどの日本の工場ではすり割り付きねじを手作業で締めてい
ましたが，ねじに対して確実に垂直を保ってねじ締めをしないと横滑りを起こすな
どの問題がありました。十字穴付きねじはくぼみがくさびの作用で密着するととも
に，ねじ締めの回転運動で均等な軸力を加えることができるなどのメリットがあ
り，また圧縮空気による機械作業で締めることが可能となり，生産効率も飛躍的に
向上することにもつながりました。

　現在では，汚れや埃などが詰まりやすい場所にすり割り付きねじを使用すること
や，レトロな製品の修復などに使用することはあるものの，多くの小ねじは十字穴
付きねじとなっています。

図2.25　F型カブ（1953年）

　これまでに紹介してきた十字穴やすり割りはドライバーがあれば容易に取り外しができます。ところが，幼い子どもがねじを簡単に外してしまい誤飲することや公園の遊具などねじを簡単に外されて壊されることなどの問題が生じてくる中で，ねじ頭部のくぼみについても対策が必要になってきました。そこで登場したのが，既存のドライバーでは外しにくい頭部のくぼみをもつねじです。

　このようなねじを総称して，いたずら防止ねじやいじり止めねじなどと呼び，図2.26に示すような，さまざま種類が存在します。どれもあまり見かけないくぼみをしていますが，それぞれどのような形状のドライバーを使用すればよいでしょうか。当然のことながら，ねじと一緒にドライバーまで販売してしまうと，いたずら防止の意味がなくなるため，対応するドライバーは一般には販売されておりません。

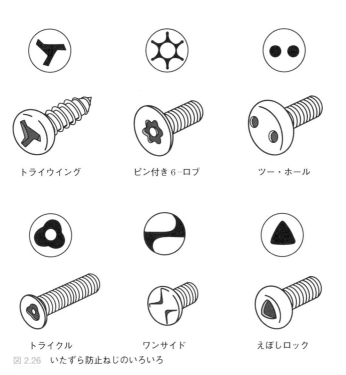

トライウイング	ピン付き 6-ロブ	ツー・ホール

トライクル	ワンサイド	えぼしロック

図 2.26　いたずら防止ねじのいろいろ

　身の回りのねじを注意して観察してみると，意外なところで使用されているのが見つかるはずです。

2.4.2 ⊕ タッピンねじ

　タッピンねじは，めねじを必要とせずに薄い金属板や樹脂材料などへ直接ねじ込んで使用する，ねじ自身でねじ立てができるねじの総称です。このねじは，締め付け前の部材へのめねじ加工工程を減らすことができるため，作業性が良いという特長をもつので，家電製品の部材締結などに幅広く使用されています。不要になった家電製品を分解するなどしてみると，タッピンねじがたくさん使用されていることがわかるはずです。

　タッピンねじのねじ山は，JISにてC形，F形，R形が規定されています。C形は約45°にとがった先端で，とがり部の先端付近までねじ山があります。F形は端面が平らで，先端部が先細りテーパとなっており，テーパ部に平行ねじ山の延長があります。R形は約45°にとがった先端で，最先端は丸みを付けてあり，とがり部の先端付近までねじ山があります。なお，C形，F形，R形はそれぞれ，Cone end, Flat end, Rounded endの頭文字です。

　それぞれのタッピンねじを図2.27に示します。文字の部分には対応する各寸法が規定されています。なお1999年に改正されたこのJISは，ISOに準じており，このときにそれまでのJISにあった1種〜4種は附属書扱いになりましたが，現在でも市場性のあるタッピンねじの多くは附属書の規格で流通しています。なお，附属書扱いのものを旧JISと呼んで区別することもあります。

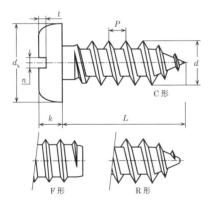

図2.27　タッピンねじの規格

　ここでは附属書にある旧JISの1種から4種についてまとめておきます。タッピンねじの呼び径は，2, 2.5, 3, 3.5, 4, 4.5, 5, 6 [mm] です。ただし，2, 2.5 [mm] は1種には使用しないことと規定されています。なお，一般的なタッピンねじのピッチは同じ呼び径の小ねじのピッチよりも大きいことが多いです。

　1種タッピンねじはAタッピン（図2.28）とも呼ばれ，ピッチがもっとも荒く，先端部がとがっている代表的なタッピンねじです。先端が尖っているため，穴あけの位置決めがしやすく，ねじと締結材とのはじめの喰いつきがよいなどの特長があります。このねじは，厚さが1mm以下の薄鋼板，木材などの締結に用いられます。

図2.28　1種タッピンねじ（Aタッピン）

　2種タッピンねじは1種タッピンねじよりもピッチが細かく，先端部の2〜2.5山にテーパがあります。2種のねじはさらに先端部に溝をもたないB0タッピンと先端部を4分の1カットして刃のはたらきで相手部材に切り込みやすくしたB1タッピンに分類されます（図2.29）。これらのねじは，主に厚さが5mm程度までの鋼板や樹脂の締結に用いられます。

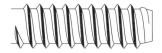

B0タッピンねじ　　　　　　　　B1タッピンねじ

図2.29　2種タッピンねじ

　3種タッピンねじは，通常の小ねじと同じピッチであり，先端部の2.5〜3山にテーパがあります。3種のねじはさらに先端部に溝をもたないC0タッピンと先端部を4分の1カットして相手部材に切り込みやすくしたC1タッピンとに分類されます（図2.30）。これらのねじは，2種タッピンよりも厚い鋼板や鋳物の締結に用いられます。

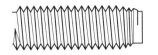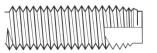

C0 タッピンねじ　　　　　　　　　　　C1 タッピンねじ

図 2.30　3 種タッピンねじ

　4種タッピンねじ（図2.31）はABタッピンとも呼ばれ，1種タッピンのように先端が尖っており，ピッチは2種タッピンに準じたねじです。薄鋼板や樹脂材の締結に適していますが，市場性はそれほど大きくありません。

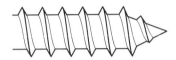

図 2.31　4 種タッピンねじ

　タッピンねじは直接ねじ込んで使用するものですが，何もない部分にねじ込むのではなく，下穴をあけておき，そこからねじ込んでいきます。この下穴の大きさはねじの締結力に大きな影響を与えます。その下穴径は作業性と締め付け強さとの関連で決定され，作業性を重視する場合は大きめ，締め付け強さに重点を置く場合は小さめに設定するのが望ましいとされています。

　例えば，ねじの呼びが3mm，相手材の板厚が0.8mmのとき，1種タッピンねじでは下穴径は2.5mm，2種タッピンねじでは下穴径は2.4mmが参照値とされています。

　タッピンねじの規格品には，頭部の形状とともに，なベタッピンねじ，皿タッピンねじ，丸皿タッピンねじ，トラスタッピンねじ，バインドタッピンねじなどが，附属書には記載されています。タッピンねじの選定をするときには，これらに加えて，1種から4種の種類も必要となります。さらに，十字穴付きということを明確にするときには，十字穴付きなベタッピンねじという表記をします。十字穴付きなベタッピンねじ1種の形状を図2.32に示します。英文字の部分にはねじの呼び径に応じた各寸法が規定されています。

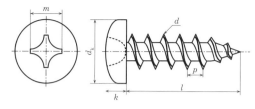

図 2.32　十字穴付きなべタッピンねじ 1 種

　このほか，後述する六角ボルトのように頭部が六角形状をした六角タッピンねじもJISで規定されており，こちらの先端形状はC形またはF形になります。ただし，こちらも市場性が高い旧JISが附属書に示されています。すなわち，六角タッピンねじ，十字穴付き六角タッピンねじ，フランジ付き六角タッピンがねじの種類，ねじ部の種類は1種から4種です。ここでフランジとは，ねじ頭部の下部にあるつばの部分をいい，これが後述する座金と同じく，締結材との接触面積を大きくして締結力をアップさせるはたらきがあります。六角タッピンねじの呼び径は，3, 3.5, 4, 4.5, 5, 6, 8 [mm] が規定されており，これはなべタッピンねじや皿タッピンねじよりもやや大きめです。

　フランジ付き六角タッピンねじ4種の形状を図2.33に示します。英文字の部分にはねじの呼び径に応じた各寸法が規定されています。実際には，十字穴付きとフランジ付きを合わせた頭部形状をしたものや十字穴の部分がプラスとマイナスのどちらのドライバーにも対応できる形状をしたもの (図2.34) なども流通しています。

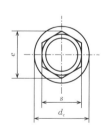
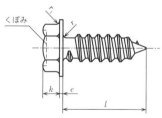

図 2.33　フランジ付き六角タッピンねじ 4 種

図 2.34　十字穴とフランジをもつ六角タッピンねじ

2.4.3 ⊕ 止めねじ

　止めねじは，ねじの先端を利用して機械部品間の動きを止めるねじのことをいい，先端の形状には，平先，とがり先，棒先，くぼみ先，丸先などの種類があります。先端の反対側には，すり割りや六角穴，四角穴などがあり，ここを利用して締結を行います。止めねじはねじ頭部がねじ部と同じ大きさであるため，とてもコンパクトな形状をしています。呼び径は，1，1.6，2mmなど小さなものから，10，12，24mm程度のものが流通しています。

　止めねじは「いもねじ」と呼ばれることも多く，これは形状が芋虫に似ているから，お芋に似ているからなど諸説あるようです。

　メイカーの皆さんも工作キットでギヤボックス（図2.35）などを組み立てるときに，モータ軸に歯車を固定しようとするときにこの「いもねじ」で固定したことはあるのではないでしょうか。このねじが1個ないだけで，モータの回転が伝わらなくなるので，とても大事なねじということになります。くれぐれも工作中，止めねじを床に落とすことのないようにご注意ください。六角穴付き止めねじにはホーローセットという呼び方もあります。これは英語のhollow set screwに由来するもので，hollowには「くぼみ」や「穴」という意味があります。なお，JISでは六角穴付き止めねじの英語表記をHexagon socket set screwsとしています。なお，この六角穴の締結には六角レンチを使用します。いろいろな止めねじと六角レンチを図2.36に示します。

図2.35　ギヤボックスと止めねじ

図2.36　止めねじと六角レンチ

　次に止めねじの先端の形状の種類をどのように区別して使い分けるのかについて
説明します。

　くぼみ先はねじ部端面の中央にくぼみを付けたものです。止めねじの中でも一
般的なものであり，歯車や軸受などの永久または半永久的な締結に多く使用されま
す。くぼみ先をもつ六角穴付き止めねじの形状を図2.37に示します。英文字の部分
にはねじの呼び径に応じた各寸法が規定されています。

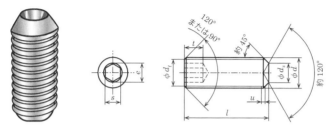

図2.37　六角穴付き止めねじ　くぼみ先

　平先（図2.38）はねじ部先端に約45°の面取りを付けたものであり，広い面で部
材に接触するため，部材を傷つけることが少なく，繰り返し使用する場所などに使
用されます。とがり先（図2.39）はねじ部先端を90°または120°の円錐状にとがら
せたものであり，締結した部材に食い込んで止めるため，永久に固定したい場合に
使用されます。一方で繰り返し使用する場所には不向きです。なお，ねじ部先端が
90°の円錐状のものを全とがり先と呼びます。棒先（図2.40）はねじ先端部に，ね
じの呼び径の2分の1に等しい長さの円筒部をもつものであり，締結したい部材に
キー溝などの隙間がある場合などにこの細い部分を差し込んで締結をします。ねじ
部を傷つけることが少ないため，繰り返し使用することもできます。なお，ねじの
呼び径の4分の1に等しい長さの円筒部をもつものを半棒先と呼びます。

図2.38　平先

図2.39　とがり先

図2.40　棒先

2.4.4 ⊕ ボルト

　一般にめねじをもつナットと組んで用いられるおねじの総称をボルト（図2.41）といい，その形状や機能，用途などによって，いろいろな種類があります。小ねじが主にドライバーで締結したのに対して，ボルトはスパナやレンチなどを用いるため，より強い締結ができます。

図2.41　いろいろなボルト

① 六角ボルト

　六角形の頭部形状をしたボルトを六角ボルトといいます。呼び径は小さなものはM3から，大きいものはM30くらいまでが流通しています。JISでは六角ボルトについて，ねじ部の長さ等の違いで3種類が規定されています。

　呼び径六角ボルトは，円筒形の直径がほぼ呼び径に等しい六角ボルトです。円筒部の半分くらいまでねじ部があるため半ねじとも呼ばれますが，厳密に半分までねじ部があるというわけではありません。図2.42に呼び径六角ボルトの形状を示します。英字の部分にはJISで規定された各寸法が入ります。

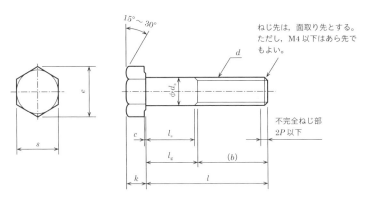

図2.42　呼び径六角ボルトの形状

全ねじ六角ボルトは，軸部全体がねじ部で，円筒部をもたない六角ボルトです。呼び径六角ボルトと異なり，円筒部の全てにねじ部があるため，全ねじと呼ばれます。一般的には全ねじの方を思い浮かべるかもしれませんが，円筒部よりねじ部の強度がやや落ちるため，締結をねじの先端部で行うことが確実な場合には，有効径六角ボルトを使用したほうが賢明です。図2.43に全ねじ六角ボルトの形状を示します。

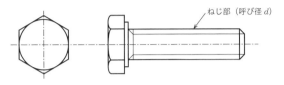

ねじ部（呼び径 d）

図 2.43　**全ねじ六角ボルトの形状**

有効径六角ボルトは，円筒部の直径がほぼ有効径に等しい六角ボルトです。そのため，ねじ山が盛り上がって見えます。このねじは切削ではなく転造で加工されます。図2.44に有効径六角ボルトの形状を示します。

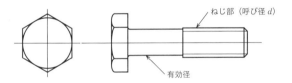

ねじ部（呼び径 d）

有効径

図 2.44　**有効径六角ボルトの形状**

また，ねじと部材との締結力をアップするため，円錐形のつばであるフランジをもつフランジ付き六角ボルト（図2.45）もJISで規定されています。

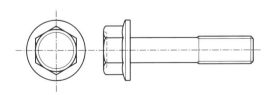

図 2.45　**フランジ付き六角ボルト**

② 六角穴付きボルト

　ねじの頭部に六角形のくぼみをもつボルトを六角穴付きボルトといいます。

　六角ボルトと同様に，呼び径は小さなものはM3から，大きいものはM30くらいまでが流通しており，工業の各分野で幅広く使用されています。原則として，締結したいめねじをもつ部材で使用するため，ナットと組まないで使用します。そのため，ボルトでなくねじという方が正しいのですが，例外的にボルトとして扱われています。また，英語ではhexagon socket head cap screwと呼ぶことからキャップボルトやキャップスクリューと呼ぶこともあります。また，頭部が円筒形でなく皿形の六角穴付き皿ボルトや頭部がボタン形の六角穴付きボタンボルトなどの種類もあります（図2.46）。

図 2.46　六角穴付きボルトのいろいろ

　六角ボルトと六角穴付きボルトを使い分けるポイントとなるのは，頭部形状を隠しやすいかどうか，また強い締め付けができるかという点です。小ねじの頭部形状にはなべ皿がありました。六角ボルトは締結の際に六角形の辺を利用するため，なべのように接合部の表面から頭部が出るのが一般的です。これに対して六角穴付きボルトの場合には，中心にある六角形のくぼみの部分で締結を行うため，皿のように接合部の表面から頭部を隠すことができます。このとき，皿ねじに座ぐりが必要だったように，頭部を隠すためのくぼみが必要になります。ただし皿ねじと異なり，六角穴付きボルトの場合には必ずしも頭部を隠さないで使用することも多くあります。JISにおける六角穴付きボルトの形状・寸法を表2.4に示します。

表 2.4　六角穴付きボルトの形状・寸法

(出典：JIS B 1176 より抜粋)

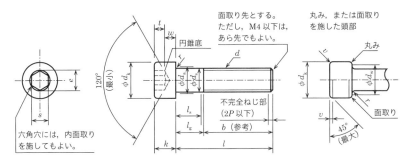

単位：mm

ねじの呼び(d)		M2	M2.5	M3	M4	M5	M6	M8	M10	M12	M16	M20	M24
ねじのピッチ		0.4	0.45	0.5	0.7	0.8	1	1.25	1.5	1.75	2	2.5	3
b^{*1}	(参考)	16	17	18	20	22	24	28	32	36	44	52	60
d_k	最大^{*2}	3.8	4.5	5.5	7	8.5	10	13	16	18	24	30	36
	最大^{*3}	3.98	4.68	5.68	7.22	8.72	10.22	13.27	16.27	18.27	24.33	30.33	36.39
	最小	3.62	4.32	5.32	6.78	8.28	9.78	12.73	15.73	17.73	23.67	29.67	35.61
d_a	最大	2.6	3.1	3.6	4.7	5.7	6.8	9.2	11.2	13.7	17.7	22.4	26.4
d_s	最大	2	2.5	3	4	5	6	8	10	12	16	20	24
	最小	1.86	2.36	2.86	3.82	4.82	5.82	7.78	9.78	11.73	15.73	19.67	23.67
e	最小	1.733	2.303	2.873	3.443	4.583	5.723	6.863	9.149	11.429	15.996	19.437	21.734
k	最大	2	2.5	3	4	5	6	8	10	12	16	20	24
	最小	1.86	2.36	2.86	3.82	4.82	5.7	7.64	9.64	11.57	15.57	19.48	23.48
r	最小	0.1	0.1	0.1	0.2	0.2	0.25	0.4	0.4	0.6	0.6	0.8	0.8
s	呼び	1.5	2	2.5	3	4	5	6	8	10	14	17	19
	最大	1.58	2.08	2.58	3.08	4.095	5.14	6.14	8.175	10.175	14.212	17.23	19.275
	最小	1.52	2.02	2.52	3.02	4.02	5.02	6.02	8.025	10.025	14.032	17.05	19.065
t	最小	1	1.1	1.3	2	2.5	3	4	5	6	8	10	12
v	最大	0.2	0.25	0.3	0.4	0.5	0.6	0.8	1	1.2	1.6	2	2.4
d_w	最小	3.48	4.18	5.07	6.53	8.03	9.38	12.33	15.33	17.23	23.17	28.87	34.81
w	最小	0.55	0.85	1.15	1.4	1.9	2.3	3.3	4	4.8	6.8	8.6	10.4

＊1 太い階段線の間で網かけのないものに適用する。
＊2 ローレットがない頭部に適用する。　　ローレットとは，ボルトの円筒部に施す細かい凹凸状の加工のこと
＊3 ローレットがある頭部に適用する。

　六角ボルトを締め付けるためのスパナやレンチは使用するために大きなスペースを必要としますが，六角レンチは省スペースで作業ができるという特長もあります。そのため，製作する機械の小型化が可能になります。

③ その他のボルト

四角ボルト

四角形の頭部形状をしたボルトを四角ボルト（図 2.47）といいます。六角ボルトよりは見かける場面は少ないものの，六角ボルトよりも面の幅が広いためスパナが滑りにくいことや締結するスペースが小さくてすむなどの特長があります。

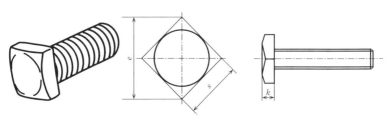

図 2.47　**四角ボルトの形状**

蝶ボルト

頭部が蝶の形をしたようなボルトを蝶ボルト（図 2.48）といいます。工具を使わずに手で締めたりゆるめたりすることができる特長があります。JIS では頭部の形状によって，1 〜 3 種類に分類されており，1 種はつまみ部が丸く，2 種はつまみ部が角ばっており小型，3 種はつまみ部が立体的でやや尖っています。手で締結を行うため，それほど大きな締結力はありません。なお，英語では蝶ではなく，羽根や翼を意味するウイングボルトと呼ばれています。

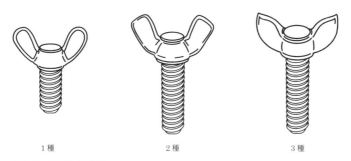

1 種　　　　　2 種　　　　　3 種

図 2.48　**蝶ボルトの形状**

◇ アイボルト

機械器具類のつり上げなど一般の荷役に使用される吊りボルトをアイボルト（図 2.49）といいます。アイボルトは頭部にリングがあり，ここに重量物を吊るため，破損すると大きな事故に結びつきます。そのため，この部分が変形や破断することがないように保証荷重が規定されています。例えば，ねじの呼びが M10 のアイボルトの保証荷重は 4.41kN，ねじ部の長さは 18mm です。なお，アイボルトの長さはねじの呼びで規定されます。アイボルトの吊り方には，ボルト 1 個による垂直吊り及び 2 個による 45 度吊りがあります（図 2.50）。なお，アイボルトのアイは，丸いリングが丸い目のように見えることから，英語で目を意味する eye をあてています。

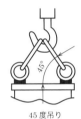

垂直吊り　　　　　　45 度吊り

図 2.49　アイボルト　　　図 2.50　アイボルトの吊り方

◇ U ボルト

パイプなどの配管類を固定するために使用される U 字型のボルトを U ボルト（図 2.51）といいます。U 字型をした形状の両先端にねじ部があり，ここに部材を通してナットで締結します（図 2.52）。

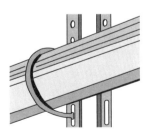

図 2.51　U ボルト　　　　図 2.52　U ボルトの使い方

2.4.5 ⊕ ナット

ボルトとともに使用されるめねじをもつ部品の総称をナットといいます（図2.53）。

図2.53　いろいろなナット

① 六角ナット

　代表的なナットは外形が六角形の六角ナットです。JISにおける六角ナットの規定については，2014年に改正が行われましたが，附属書の技術的内容はそのまま存続することとなりました。ねじ業界では「2020年までにJIS本体規格品の生産・供給体制を整え」また「新しい設計では使わないことが望ましい」とされています。未だに附属書品の流通がほとんどだという実状があるため，しばらくは新旧の規格を理解しておく必要があります。

- 附属書の規格

　面の端部に丸みを持たせた面取りが片方の面にある1種，面取りが両方の面にある2種，厚みが薄い3種の種類が規定されています（図2.54）。ナットの厚さは1種と2種ではねじの呼び径の約80%，3種では約60%です（表2.5）。

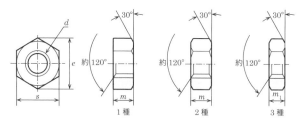

図2.54　六角ナットの形状（旧規格）

表 2.5　六角ナットの寸法表（旧規格）（出典：JIS B 1181 附属書より抜粋）

ねじの呼び (d)	m	m_1	s	e
M5	4	3.2	8	9.2
M6	5	3.6	10	11.5
M8	6.5	5	13	15
M10	8	6	17	19.6
M12	10	7	19	21.9
(M14)	11	8	22	25.4
M16	13	10	24	27.7
(M18)	15	11	27	31.2
M20	16	12	30	34.6
(M22)	18	13	32	37
M24	19	14	36	41.6

本体規格

本体規格では，六角ナットの 1 種, 2 種, 3 種の分類はなくなり，スタイル 1 及び 2，六角ナット－C，六角低ナットという種別が加わりました（図 2.55）。

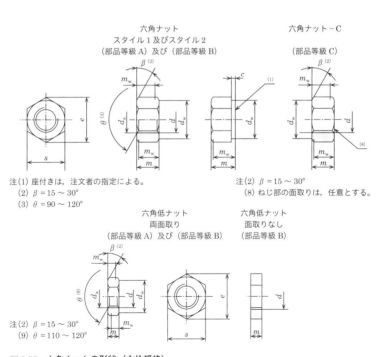

図 2.55　六角ナットの形状（本体規格）

② その他のナット

六角袋ナット

六角ナットの片面にドーム状の丸みをもたせたナットを六角袋ナットといいます。また，キャップナットと呼ばれることもあります。六角袋ナットはねじ山を隠すため外観が良く，安全性にも優れるため，幅広く使用されています。各部の寸法はねじの呼びに応じて，図 2.56 に示す英文字について，各寸法が規定されています。

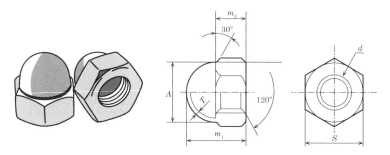

図 2.56　**六角袋ナット**

溝付き六角ナット

六角ナットの上部に凹凸のある溝をもつナットを溝付き六角ナットといいます。締結するおねじの円筒部に穴をあけて割ピンなどで固定を行うため，ゆるみ止め及びナットの脱落防止になります。各部の寸法はねじの呼びに応じて，図 2.57 に示す英文字について，各寸法が規定されています。なお，英語では溝ではなく，城を意味するキャッスルナットと呼ばれています。

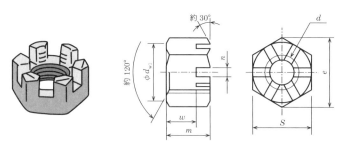

図 2.57　**溝付き六角ナット**

四角ナットと板ナット

外形が四角形をしたナットを四角ナット（図 2.58）といいます。相手材の溝や隙間に合わせて使用することで，ナットを押さえなくても締結できるという特長があります。四角ナットの厚みが六角ナットの規格に準拠しているのに対して，より厚みが薄いものを板ナット（図 2.59）といいます。

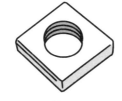

図 2.58　**四角ナット**　　　図 2.59　**板ナット**

蝶ナット

蝶ボルトをナット型にしたものを蝶ナット（図 2.60）といいます。手で締結や取り外しができる特長がありますが，締結力はそれほど大きくありません。

図 2.60　**蝶ナット**

アイナット

アイボルトをナット型にしたものをアイナット（図 2.61）といいます。アイボルトと同様に許容荷重が規定されています。

図 2.61　**アイナット**

2.4.6 ⊕ 座金

　小ねじ，ボルト，ナットなどの座面と締め付け部との間に入れる部品を座金といい，形状，機能，用途などによって，いろいろな種類があります。そのはたらきには，被締結材にナットやボルトの頭部がめり込むのを防ぐこと，穴径がボルト径と比較して大きい場合に座面を安定させること，振動などによりねじがゆるむのを防ぐこと，気密性を保つことなどがあげられます。なお，座金はワッシャーとも呼ばれます。

① 平座金

　平板状の座金を平座金（図2.62）といい，外形には丸，片面取りをした丸，四角などがあります。特に四角形のものを角座金といいます。座面の面積が広がり，座面にはたらく圧力が分散されるため，座面の陥没やゆるみを低減させることができます。

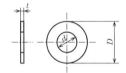

図 2.62　平座金

② ばね座金

　コイル状に巻かれた線材を切断したばね作用をもつ座金をばね座金（図2.63）といいます。切り口のばね作用により，平座金よりも大きなゆるみ止めの効果があります。なお，この座金はスプリングワッシャーとも呼ばれます。

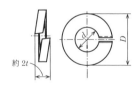

図 2.63　ばね座金

③ 皿ばね座金

　皿状をしたばね作用をもつ傘状の座金を皿ばね座金（図2.64）といいます。ねじを締結しようと力が作用すると円錐形の部分を押しつぶされ，このとき発生する反作用がばねのはたらきをします。皿ばね座金はばね座金よりもばね作用が大きく，ボルトの締め付け力を十分保持できます。

 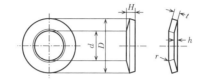

図 2.64　皿ばね座金

④ 歯付き座金

　回り止めの役目をする歯が設けてあるばね作用をもつ座金を歯付き座金といいます。丸い円の内側や外側に歯が付いており，この歯が部材に食い込んでゆるみを防止します。内歯（図2.65（a））は止めねじなどの歯が現れると不都合な箇所に使用されます。外歯（図2.65（b））は内歯よりも歯が多く，さらにゆるみ防止が求められる箇所等に使用されます。

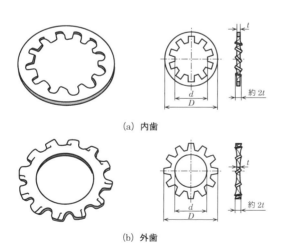

（a）内歯

（b）外歯

図 2.65　歯付き座金

⑤ 波形座金

　円環状の薄板に波形にした座金を波形座金（図2.66）といいます。波形の部分に力が作用してつぶれることでばね作用をもたせることができ，これにより隙間を除去して，部品を固定したり，加えられた荷重を吸収したりします。

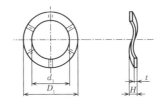

図 2.66　波形座金

⑥ 舌付き座金

　丸い座金の一部を突き出した形とし，その部分を回り止めとした座金を舌付き座金（図2.67）といいます。一部突き出た部分を折り曲げてナットに巻きつけて使用することで，ゆるみ止めのはたらきをもたせることができます。なお，舌が1枚の片舌付き及び舌が2枚の両舌付きがあり，後者の方が2か所を曲げることができ，高機能です。両舌付き座金の使用例を図2.68に示します。

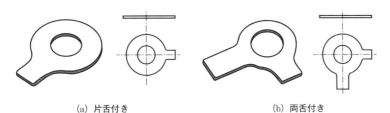

(a) 片舌付き　　　　　　　　(b) 両舌付き

図 2.67　舌付き座金

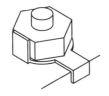

図 2.68　両舌付き座金の使用例

⑦ 座金組込ねじ

　ねじを製造する段階で座金を組み込んであるねじを座金組込ねじ（図2.69）とい
います。作業段階における入れ忘れや落下の心配がなくなり，作業効率を上げるこ
とにもつながります。平座金やばね座金を1枚組み込んだものから，平座金とばね
座金を同時に組み込んだものなど，さまざまな組み合わせが規定されています。な
お，このねじのことをセムスともいいますが，これはpre-assembled screws and
washers を the SEMS screw としたことに由来します。ここから座金を1枚だけ組
み込んだものをシングルセムス，2枚組み込んだものをダブルセムスといいます。

　このねじに組み込まれている座金は，ねじを立てても落下せずにねじ山の部分で
止まります。すなわち，ねじ山のほうが座金よりも大きいのです。どうしてこのよ
うなことができるのかは，ねじの製造法を知ることで理解できます。

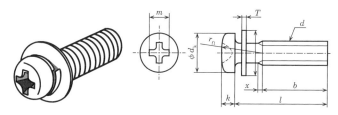

(a) 十字穴付きなべ小ねじ

(b) 六角ボルト

(c) 六角穴付きボルト

図 2.69　座金組込ねじ（ばね座金＋平座金）

第 **3** 章

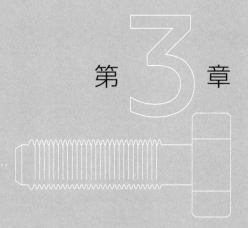

ねじを使う

3.1　ねじの材料

　使用したいねじを適切に選定するためには，ねじがどんな材料でできているのかに関する知識が必要となります。メイカーの皆さんは日常生活においても，金属やプラスチックなどのさまざまな材料と接していることと思います。ここでは，鋼や銅などで作られた金属で作られたねじから，各種のプラスチックで作られたねじまで，特にねじに欠かせない材料の知識をまとめます。

3.1.1 ⊕ 鋼のねじ

　私たちのまわりにある多くの工業製品は金属材料で作られており，その中でも鉄鋼材料は比較的安価で入手でき，強度や粘り強さを兼ね備えているため，多くの場面で用いられています。ここで鉄鋼とは，純度100%の鉄（Fe）である純鉄（iron）ではなく，鉄にいくらかの炭素を加えた炭素鋼（steel）を意味します。そして，この炭素鋼を鋼（こう，はがね）と呼んでいるのです。

　身近な例をあげると，空き缶のリサイクルでスチール缶とアルミ缶の分別が行われますが，このスチールとは炭素鋼のことです。どうして炭素を加えるのかというと，純度100%の鉄は強度が少ないためです。そのため，人類が長い間，鉄に何かしらの元素を添加して強度をアップする工夫をした結果，たどり着いたのが鉄に炭素を加えた炭素鋼，そしてさらに他の元素を加えた各種の合金鋼ということになります。

　より詳しく述べると，炭素鋼は0.02〜2.14%の炭素（C），0.2〜0.8%のマンガン（Mn）のほか，ケイ素（Si）やリン（P），硫黄（S）などを含みます。炭素鋼は含有する炭素量が多くなると，引張強さや硬さが増加する一方，伸びや絞りが減少し，被削性が悪くなります。

　なお，炭素の含有量が少ない（0.2〜0.3%）炭素鋼を軟鋼，多い（0.5〜0.8%）炭素鋼を硬鋼と区別して表すこともあります。

① 炭素鋼

【SS材】

JISで規定される代表的な炭素鋼には，一般構造用圧延鋼材（SS材）と機械構造用炭素鋼（S-C材）があります。一般構造用圧延鋼材は車両，船舶，橋などの一般的な構造物に使用される材料です。JISではSS400などの記号で表記されますが，ここでSSとは構造用の鋼を意味するSteel for Structureの略であり，400は引張強さの最低保証値が400N/m^{2}であることを意味しています。なお，このSS材は他の材料のように添加元素の割合が細かく規定されておらず，引張強さの最低値が保証されていることが特徴です。

一般的な鋼材であるため，SS400は後述する強度区分が低い4.6などの小ねじやボルト，ナットの材料として使用されていますが，実際には後述する冷間圧造用炭素鋼線材（SWRCH）のように，ねじの製造に適する材料が使用されることが多いです。

【S-C材】

一方で機械構造用炭素鋼（S-C材）は，SS材よりも過酷な場所，たとえば高速で回転しながら大きな荷重を伝達する必要がある歯車や軸などの機械部品用の材料として使用されます。JISではS45CのようにS（Steel）とC（Carbon）の間に数値を入れた形で表記されており，この数値は炭素を0.45%含んでいることを意味しています。すなわち，引張強さだけが規定されているSS材よりもS-C材の方が含有成分量を規定した信頼性のある高級な材料であると言えます。

S45Cは強度区分が中程度の5.6などのボルトやナットに使用されています。

なお，炭素鋼は熱を加えて処理を施す熱処理をすることが多く，代表的な熱処理には，焼なまし，焼ならし，焼入れ，焼戻しがあります。簡単にまとめると，熱処理により，硬くて粘り強い鋼にするのです。一般構造用圧延鋼材は熱処理をせずにそのまま使用することを前提としており，機械構造用炭素鋼鋼材は熱処理を施して使用することを前提としています。

【SWRCH材】

　小ねじやボルト，ナットなどの材料として多く使用されるのは，冷間圧造用炭素鋼線材（SWRCH）であり，0.53％以下の炭素及び1.65％以下のマンガンを含有しています。ここでSWRCHはCarbon steel wire rods for cold heading and cold forgingの略であり，鉄鉱石などの原料から鋼鉄をつくる製鋼メーカーによって製造されます。ここから小ねじやボルトの製造に特化した寸法の線径にするのが伸線メーカーであり，ここで冷間圧造用炭素鋼線（SWCH）が製造されます。ここでSWCHはCarbon steel wire for cold heading and cold forgingの略です。すなわち，SWRCHからSWCHを製造するのです。Rodには棒という意味があるので，棒を線にしたということになります。なお，JISではSWCHについては引張強さなどの機械的性質，SWRCHについては成分や組成が規定されています。

　JISに規定されている例として，SWCH10Rは炭素量が0.1％程度，SWCH12Kは0.12％程度，SWCH18Aは0.18％程度含まれる軟鋼に相当する材料です。ここで，末尾にある英語のRはリムド鋼，Kはキルド鋼，Aはアルミキルド鋼であることを意味しています。

　リムド鋼のリムとは縁（Rim，ふち）のことであり，製鉄の工程において溶鋼をそのまま鋳込んだときに縁から固まるため，表面のリム層に酸素や窒素などのガスが残ります。また内部には炭素やリン等の不純物が残るために品質が安定しませんが，安価であるため一般的な小ねじやボルト，ナットには多く使用されています。

　一方でキルド鋼とは脱酸材を使用して溶鋼に残存している酸素や窒素などのガスを脱酸剤として取り除いたものをいいます。なお，キルドはKilledに由来しており，脱酸材のはたらきにより，リムド鋼で見られるガスの放出がなく，静かであることを表しています。なお，リムド鋼には2種類あり，脱酸材にシリコンを用いたものをK，アルミニウムを用いたものをAで表記します。

　SWRCH材は強度区分が中程度の8.8などのボルトやナットに使用されています。

② 合金鋼

　炭素鋼の機械的性質をさらに向上させるために，クロム（Cr）やマンガン（Mn）モリブデン（Mo），ニッケル（Ni）などの元素を添加したものを合金鋼といいます。

【クロム鋼】

クロム鋼（SCr）は炭素鋼に0.90 ～ 1.20%のクロム，0.6 ～ 0.85%のマンガン（Mn）を添加して焼入性を改良したキルド鋼です。

SCr430は0.28 ～ 0.33%の炭素を含む強靭鋼です。引張強さは780N/mm²以上あり，各種工具や自動車部品等に使用されています。

【クロムモリブデン鋼】

クロムモリブデン鋼（SCM）はクロム鋼に0.15 ～ 0.30%のモリブデンを添加したキルド鋼です。クロム鋼より焼入性がよく，靭性などの機械的性質にも優れているため，各種の自動車部品や六角ボルト，ナット等に使用されています。また，溶接性にも優れており，仕上がりの外観も美しいため，自転車のフレームとしても使用されています。略してクロモリとも呼ばれます。

SCM432は0.27 ～ 0.37%の炭素を含む強靭鋼です。引張強さは880N/mm²以上あり，強度区分が中程度の6.8であるボルトやナットに使用されています。

SCM435は0.33 ～ 0.38%程度の炭素を含む強靭鋼です。引張強さは930N/mm²以上あり，強度区分が大きい10.9及び12.9である六角穴付きボルト等に使用されています。

【ニッケルクロムモリブデン鋼】

ニッケルクロムモリブデン鋼（SNCM）はクロムモリブデン鋼にニッケルを添加したキルド鋼であり，合金鋼のなかでは最高の強度をもちますが，溶接性はよくありません。

SNCM240は0.38 ～ 0.43%程度の炭素を含む強靭鋼です。引張強さは880N/mm²以上あり，強度区分が大きい10.9及び12.9である六角穴付きボルト等に使用されています。

SNCM447はSNCM材の中でも特に優れた強靭鋼です。引張強さは930N/mm²以上あり，航空機部品やエンジン部品などに使用されています。

③ ステンレス鋼

　ステンレスという用語はよく見聞きすると思いますが，正しくはステンレス鋼といいます。錆びにくく，耐熱性や耐薬品にも優れるステンレスは，産業用のみならず，私たちの生活にも欠かせない金属材料です。ステンレス鋼は鉄（Fe）を主成分（50%以上）とし，クロム（Cr）を10.5%以上，さらにニッケル（Ni）を含有します。また，硬くて錆びにくい特徴をもつことから耐食鋼ともよばれます。JISではステンレス鋼材の材料記号をSteel Special Use Stainlessより，SUSと表記します。

　ステンレス鋼が錆びにくいのは，鉄よりも酸素と結びつきやすい性質をもつクロムが酸化することで，ステンレス鋼の表面に薄い酸化被膜ができるためです。この無色透明で非常に薄い酸化被膜は化学的に安定しており強固であり，被膜に傷がついて剥がれたときでも，再度クロムが反応して新しい被膜を再生する自己修復機能をもちます。

　ステンレス鋼は，含有する主成分により3種類に大別されます。また，JISでの型番はSUSの後に3つの数字を並べて分類されます。なお，SUSは一般的に「サス」と呼びます。

【マルテンサイト系ステンレス鋼】

　マルテンサイト系ステンレス鋼は13%程度のクロムを含有したステンレス鋼です。マルテンサイトの組織は硬くて脆い性質をもちますが，熱処理によって，硬くて粘り強い組織に変化させることができます。また磁性ももちます。なお，ステンレス鋼の場合には一般の熱処理ではクロムが炭化して脆くなってしまうため，真空炉に窒素を多く含むアンモニアなどのガスを入れて熱処理を施す窒化熱処理を行います。

　SUS410は0.15%以下の炭素，11.50〜13.00%のクロムを含有するステンレス鋼です。引張強さは440N/mm^{2}以上あり，硬さや耐食性にも優れています。用途としては一般的な刃物や工具，小ねじやタッピンねじなどがあり，耐食性より硬さが必要な場面で使用されます。

【フェライト系ステンレス鋼】

　フェライト系ステンレス鋼は18%程度のクロムを含有したステンレス鋼です。焼入れによる硬化ができないため，マルテンサイト系ステンレス鋼よりも耐食性に優れるものの，硬さよりも耐食性が必要な家電製品や建築材料などに使用されます。また，熱の大きな変化に強いため，熱交換機や厨房機器などの機器での用途もあります。さらに磁性ももちます。

　SUS430は0.12%以下の炭素，16.00 〜 18.00%のクロムを含有するステンレス鋼です。引張強さは420N/mm^{2}以上ありますが，硬さよりも耐食性が求められる食品機械などに用いられます。リベットや小ねじの用途もありますが，ほかのステンレス鋼ほど多くはありません。

【オーステナイト系ステンレス鋼】

　オーステナイト系ステンレス鋼は18%程度のクロムに8%程度のニッケルを含んだステンレス鋼です。硬くて粘り強く，曲げ加工や絞り加工，溶接などの加工性にも優れています。さらに耐食性や耐熱性にも優れているため，家庭用品から建築材料，自動車部品などの工業製品まで，幅広く使用されているステンレス鋼です。ステンレス鋼のナイフやスプーンなど18-8という刻印があるものはこの種類を意味しています。

　SUS304は0.08%以下の炭素，18.00 〜 20.00%のクロムを含有するステンレス鋼です。引張強さは520N/mm^{2}以上などの機械的性質及び耐食性や耐薬品に優れています。また，マルテンサイト系やフェライト系とは異なり，非磁性です。炭素を0.08%以下に抑えてあるため，硬さよりも耐食性を優先させる用途で使用されます。

　ステンレス鋼のボルトの多くはSUS304で製造されていますが，冷間加工を行うときに加工硬化によって材料が割れてしまうことがあります。そこでSUS304の成分に3%程度の銅を添加して，加工しやすくした材料としてSUSXM7が開発されました。機械的性質や耐食性等はSUS304とほぼ同じであるため，冷間加工によって製造されるステンレス鋼のボルトの多くはこちらの材料で作られています。

3.1.2 ⊕ 銅のねじ

　銅は人類が古くから使用してきた金属であり，現代でもその用途は広いです。銅の特性として，耐食性や電気伝導性，熱伝導性，展延性などの加工性に優れることなどがあげられます。引張強さなどの機械的性質は鉄鋼材料に劣りますが，これらの特長を生かした用途として銅のねじが使用されています。

　鉄の場合と同じく，銅の場合にも純度100%の純銅が使用されることは少なく，機械的性質等を向上させるためにさまざまな元素を添加した銅合金があります。JISでは銅や銅合金をアルファベットのCと四桁の数字で表します。

① 純銅

　純銅は銅の純度が99.9%以上であり，強度よりも電気や熱の伝導性に優れる展延性，絞り加工性に優れ，溶接性，耐食性，耐候性に優れた材料であり，特長を生かした用途に使用します。JISでは溶解の過程で残る酸素の量の違いによって，C1011（電子管用無酸素銅），C1020（無酸素銅），C1100（タフピッチ銅），C1201（りん脱酸銅）等に大別されています。

② 黄銅

　黄銅は金以外で唯一金色を出すことができる銅と亜鉛の合金であり，特に亜鉛が20%以上のものをいいます。電気や熱の伝導性，耐食性，展延性や絞り加工性に優れる，融合性に富み各種合金を作りやすいことなどの特長があり，工業材料として幅広く使用されています。さらには殺菌作用もあるため，衛生上も優れています。身近なところでは，現在日本で使用されている五円硬貨も黄銅製です。なお，黄銅のことを真鍮やブラスとも呼びます。金管楽器で構成される楽団をブラスバンドと呼ぶのは，このブラスに由来します。

　七三黄銅（C2600，C2680）は銅と亜鉛の比率が7：3の黄銅です。銅と亜鉛の合金の中で最大の展延性を持つため，深絞り用に最適な材料であり，複雑な形状を持つ加工ができます。冷間加工にも適しているため，小ねじやボルト，ナットの材料としても幅広く使用されています。

　六四黄銅（C2801）は銅と亜鉛の比率が6：4の黄銅であり，冷間加工性には劣ります

が，熱間加工性に優れた材料です。各種の機械部品や電気部品に使用されています。

③ 青銅

青銅は人類が最も古くから使用した銅と錫（スズ）の合金です。用途に応じてさらにリンや亜鉛や鉛等を加えることもあり，広義には黄銅以外の銅合金を意味します。そのため，青色をしているわけではありません。

りん青銅（C5191等）は銅に5.5 〜 7.0%の錫，0.03 〜 0.35%のリン等を添加した青銅です。また，ばねりん青銅（C5210等）は7.0 〜 9.0%の錫，0.03 〜 0.35%のリン等を添加した青銅です。これらの青銅は弾性や耐疲労性，耐摩耗性，ばね特性に優れているため，ばねや歯車，ボルト，座金などの機械部品等に使用されます。なお，現在の日本で使用されている十円硬貨は銅が95%，亜鉛が3 〜 4%，錫が1 〜 2%の青銅製です。

図 3.1　黄銅のねじ

図 3.2　青銅のねじ

④ 銅ニッケル合金

銅にニッケルを添加した銅ニッケル合金は，茶褐色から白くなります。

白銅（C7060等）は銅に10 〜 30%のニッケルを添加した銅合金です。古くから銀の代用品として硬貨などに使用されており，現在の日本の百円硬貨及び五十円硬貨は銅が75%，ニッケルが25%の白銅製です。また，耐海水性に優れることなどから海洋関係の部品等にも使用されています。

洋白（C7351等）は銅とニッケルの合金である白銅に亜鉛を添加した銅合金です。白銅と同じく，硬貨や装飾品として使用されており，現在の日本の五百円硬貨は銅が72%，亜鉛が20%，ニッケルが8%の洋白製です。また，耐疲労強度やばね特性にも優れているため，小ねじやボルト，ナット，ばね及び電気機器部品などに使用されています。

3.1.3 ⊕ その他の金属ねじ

① アルミニウム

　アルミニウムは比重が2.7と鉄の約3分の1と軽量であり，電気や熱の伝導性及び展延性等に優れた金属材料です。他の金属と同様に純アルミニウムではなく，各種の元素を添加したアルミニウム合金として，さまざまな種類があります。工業材料として広く利用されているアルミニウムですが，一般的なねじとしての用途はまだそれほど多くありません。しかし，医療分野や航空分野などの分野で，その特性を生かした用途は広がっています。

　JISではアルミニウム合金をアルファベットのAと四桁の数字で表します。アルミニウム製のボルトやナットに使用されているのは，主に次の型番です。

　Al-Cu系は2000番台（A2017及びA2024等）のアルミニウム合金です。Cuを添加することで，引張強さや硬さなどの機械的性質が向上するため，軽くて丈夫な材料として航空機材料に使用されてきました。一般にジュラルミンと呼ばれるのはA2017であり，さらに性能を向上させた超ジュラルミンはA2024になります。A2024の引張強さは470N/mm^{2}程度です。一方でCuを添加することによって耐食性が低下したり，溶接性が悪くなることに注意する必要があります。

　Al-Mg系は5000番台（A5005及びA5052等）のアルミニウム合金です。Mgを添加することで耐食性と強度を向上させるとともに加工性にも優れています。

　A5005は0.50 〜 1.10%のマグネシウムを添加したものであり，引張強さは200N/mm^{2}程度です。A5052は2.2 〜 2.8%のマグネシウムを添加したものであり，引張強さは290N/mm^{2}程度です。アルミニウム合金のなかで中間的な強度をもち，耐食性や加工性，溶接性にも優れているため，一般的なアルミニウム合金として幅広く使用されています。

　Al-Zn-Mg系は7000番台（A7075等）のアルミニウム合金です。ZnとMgを添加することでアルミニウム合金の中でも最高の強度を得ることができます。A7075は5.1 〜 6.1%の亜鉛と2.1 〜 2.9のマグネシウムを添加したものであり，引張強さは550N/mm^{2}程度です。超々ジュラルミンとも呼ばれます。

　明るい銀色をしたアルミニウムのねじを図3.3に示します。

② チタン

　チタンは比重が4.51と鉄の3分の2と軽量であり，耐食性や耐熱性に優れた高比強度をもつ非磁性の金属材料です。またチタンは人体に親和性が高く，金属アレルギーの抑制効果をもつため，人体に埋め込むねじなどにも使用されています。チタンも他の金属と同様に純チタンだけではなく，各種の元素を添加したチタン合金があります。

　純チタンはJISで1種〜4種が規定されています。この中でも1種がやわらかく，4種に向かうほど硬くなります。引張強さは1種では320N/mm²程度，4種では650N/mm²程度です。

　チタン合金は耐食性に優れたものと強度に優れたものがあります。強度に優れたものはα型合金，β型合金，$\alpha+\beta$型合金の3つに分類され，熱処理による特性変更が可能です。$\alpha+\beta$型に属するTi-6Al-4V合金はチタンに6%程度のアルミニウムと4%程度のバナジウムを添加したものであり，895N/mm²以上の強度と靭性を兼ねており，溶接性や加工性にも優れています。

　なお，チタンは酸化皮膜の厚さに応じて特定の色の光だけが強めることができるため，さまざまな色に着色できるという特長があります。具体的には，発色させたいチタン製品を陽極，通電性の良い金属を陰極にして，導電性の水溶液に浸して電圧をかけると，水の電気分解によって，陰極からは水素，陽極からは酸素が発生し，この酸素とチタンが結びつくことで表面に酸化チタンの膜を形成します。このときの電圧や浸漬時間を制御することで，色を調整できるのです。やや黒い銀色をしたチタンのねじを図3.4に示します。

図 3.3　アルミニウムのねじ

図 3.4　チタンのねじ

3.1.4 ⊕ プラスチックねじ

　ねじは金属以外の材料で作られることもあります。プラスチックは，高分子材料を主原料として人工的に有用な形状に形作られた固体です。プラスチックはまた，合成樹脂とも呼ばれます。なお合成樹脂はさらに，高温になるにつれて柔らかくなり溶融する性質をもつ熱可塑性樹脂と一度硬化させると再加熱しても軟化，流動しない熱硬化性樹脂に分類されます。なお，合成樹脂とは人工的に合成された樹脂という意味であり，樹木から分泌される樹液が固まった物質である松脂や漆などの天然樹脂とは区別されます。

　一般的なプラスチックは金属と比較して軽量であること，加工性に優れているため大量生産ができる，絶縁体である，耐食性や耐薬品性に優れる，着色や表面加工の自由度が高いなどの特長があります。一方で強度や硬さなどの機械的性質で劣ること，熱に弱く燃えやすい，経年劣化が大きい，リサイクル性が悪いことなどが欠点としてあげられます。

　これらのことを踏まえた上で，特長を生かしたプラスチックねじが登場しています。なお，プラスチックと言ってもその種類は多く，その名称にはJISの規格による名称だけでなく，商品名等で呼ばれることも多いため，適切な選定をするためには幅広い知識が必要になります。ここではプラスチックのねじに使用される熱可塑性樹脂を中心にその性質をまとめます。

① 汎用プラスチック

　私たちの身の回りで多く使用されている一般的なプラスチックを汎用プラスチックといいます。強度はそれほど大きくなく，耐熱性は約100℃までの材料ですが，安価なこともあり，プラスチック生産量の約80％を占めています。

【PE （ポリエチレン）】

　ポリエチレンは一般的にポリ袋やビニール袋と呼ばれています。透明で軟らかい低密度ポリエチレンは比重が0.94より小さく，電気絶縁性や耐水性,耐薬品性等に優れますが，耐熱性は劣ります。一方，半透明で硬めの高密度ポリエチレンは比重が0.94より大きく，低密度ポリエチレンより耐熱性や剛性が高く，色は白く不透明です。

【PP（ポリプロピレン）】

ポリプロピレンはプラスチックのなかで比重が0.90〜0.91と最軽量材料です。引張強度，衝撃強度などの機械的強度に優れ，耐熱性が100℃〜140℃と高く，耐摩耗性や耐薬品性にも優れています。また，透明性が高く，光沢が強いことから，包装フィルムから家電部品，自動車部品などに幅広く使用されています。なお，ペットボトルのキャップの材質は，「PEまたはPPを主材とした比重1.0未満の材質」と規定されています。

【PET（ポリエチレンテレフタレート）】

ペットボトルの容器での活用が広く知られているのは，このポリエチレンテレフタレートです。比重が1.29〜1.40，透明性や耐薬品性，耐熱性に優れており，強度もあります。ところで，ペットボトルにはキャップの開閉を行う箇所にねじ部があり，よく観察すると飲み口のねじ部には縦に溝が入っています。これはキャップを開けた瞬間に溝からガスが抜けるような工夫であり，キャップが弾け飛ぶのを防いでいるのです。

【PVC（ポリ塩化ビニル）】

ポリ塩化ビニルは，軟質から硬質まで幅広く生産されています。耐水性や耐薬品性，加工性に優れ，電気絶縁性，難燃性もあり，安価であるため，用途も広いです。軟質ポリ塩化ビニルはフィルムやシート，玩具など，硬質ポリ塩化ビニルはパイプや継手などに使用されています。後者の板や管は灰色をしていることが多く，身の回りで見かけることもあるでしょう。なお，塩ビパイプの接続にはねじ部が必要となり，テーパねじが使用されていることも多いため，ねじの知識が役立ちます。

ペットボトルのねじ　　　塩ビ管のねじ部
図3.5　汎用プラスチックのねじ

② エンジニアリングプラスチック（エンプラ）

　汎用プラスチックに比べて，機械的強度（50N/mm^{2}以上）や耐熱性（100℃以上），耐摩耗性に優れているエンジニアリングプラスチック（エンプラとも呼ばれる）は，金属材料を代替する材料として，機械部品，電子・電気機器部品などに幅広く使用されています。エンプラ系材料の第1号は，1938年にアメリカのデュポン社が繊維素材として工業化したPA66（ポリアミド66）とされています。小ねじやボルト，ナットにも使用されているエンジニアリングプラスチックには次のような種類があります。

【PC（ポリカーボネート）】

　ポリカーボネートは比重が1.2，プラスチック素材の中で最高の耐衝撃性をもち，耐熱性にも優れたガラスに等しい透明性をもつエンプラです。プラスチックがもつ成形収縮率が小さく，加工性も高いため，寸法安定性にも優れています。ただし，アルカリなどの耐薬品性には劣ります。

　CDやDVDのディスク，カメラレンズなどの光学部品のほか，歯車やねじなどの機械部品，電気電子部品等に幅広く使用されています。

【PA（ポリアミド）】

　ポリアミドは比重が1.13，耐摩耗性や耐衝撃性，耐薬品性に優れたエンプラです。繊維や歯ブラシに使われるほか，吸気管やラジエータータンクなど高温で使用される自動車部品や歯車，ねじなどの機械部品，電気電子部品等に幅広く使用されています。なお，ポリアミドはこれを開発した米国・デュポン社の商品名であるナイロンという名称でも広まっています。

【POM（ポリアセタール）】

　ポリアセタールは比重が1.42，強度や耐熱性，耐摩耗性，耐薬品性に優れた乳白色のエンプラです。耐摩耗性に優れるため軸受や歯車，カムなどの機械部品をはじめ，ねじやファスナー等に幅広く使用されています。開発したデュポン社の商品名であるデルリン，また他社が開発したジュラコンという名称で呼ばれることもあります。

③ スーパーエンプラ

エンジニアリングプラスチックの中でも特に耐熱性（150℃以上）が優れている ものをスーパーエンプラといいます。高価であるものの工業分野で幅広く使用され ています（図3.6）。小ねじやボルト，ナットにも使用されているスーパーエンプラ には次のような種類があります。

【PTFE（テフロン）】

テフロンは比重が$2.13 \sim 2.20$，引張強さが$20 \sim 35N/mm^2$の耐熱性や耐薬品性 に優れた乳白色のエンプラです。なお，テフロンはデュポン社の商品名であり，材 質名はポリテトラフルオロエチレンであり，焦げ付かないフライパンなど調理器具 などにも使用されています。

【PEEK（ピーク）】

ピークは比重が1.3，引張強さ（$100N/mm^2$）をはじめ，曲げ強さや硬さ，耐摩耗 性などの機械的性質に優れています。融点が334℃と高く，熱安定性や高温での流 動性もよいので，射出成形にも適しているため，大量生産にも向いています。また， 炭素繊維の複合材料としてエアバス社の航空宇宙用軽量材料にも認定されてます。 なお，PEEKはVICTREX PEEKの登録商標であり，材質名はポリエーテルエーテ ルケトンです。

【RENY（レニー）】

レニーは比重が$2.14 \sim 2.2$，引張強さが$250 \sim 400N/mm^2$とエンプラ最大であり， 疲労特性や耐食性等にも優れています。電気絶縁性や非磁性特性を有すること等も 生かして，各種の軸受や歯車，ねじなどの機械部品や電気電子部品に使用されます。 なお，RENYは三菱エンジニアリングプラスチックスの登録商標です。

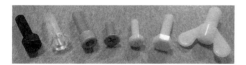

図 3.6　エンプラやスーパーエンプラのねじ

3.1.5 ⊕ 表面処理

　ほとんどの金属製品は成形後にそのままの状態で使用されるのではなく，材料の表面に硬さや耐摩耗性，耐食性，また美観を向上させるために何らかの表面処理を行います。ねじの場合も同様です。初心者が鉄製のねじを買おうとしたときに，ユニクロやクロメートなどと書かれた表示を見つけて何だろうと思われることがよくあります。これらは表面処理の種類を表しています。

　めっきは金属または非金属の材料の表面に金属の薄膜を被覆する代表的な表面処理です。めっきの種類には，電気分解を利用した電気めっきや電気を使用しない化学反応による無電解めっきなど，さまざまな種類があります。

① 電気めっき

　電気めっきは材料表面に付着させたい金属の陽イオンを含んだ溶液にめっきをしたい材料を陰極として浸して電気分解を行い，金属を電気的に陰極表面に析出させる技術です（図3.7）。その種類には，錆びを防ぐことを目的とした亜鉛めっき，光沢を出す装飾を目的としたニッケルめっきやクロムめっきなどの種類があります。

　亜鉛めっきは鉄と組み合わせた腐食環境において，亜鉛が優先的に腐食して鉄を錆から守るという性質を生かして亜鉛の薄い皮膜をつくる方法です。安価であることもあり，自動車用鋼板をはじめとして家電製品や建築材料などに採用されているこのめっきは，ねじのめっきにも幅広く使用されています。

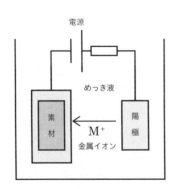

プラス側：$M \rightarrow M^+ + e^-$
マイナス側：$M^+ + e^- \rightarrow M$

図 3.7　電気めっきの原理

　実際には亜鉛めっきだけを施した材料は酸化されて変色しやすいため，通常はめっき後にクロム酸の塩を含んだ溶液中に浸して，金属表面にクロメート皮膜を生成させるクロメート処理が施されます。

【ユニクロ】

　光沢だけを主としたクロメート処理を光沢クロメートまたはユニクロといい，青みがかった銀色のめっきです。

【クロメート】

　耐食性を主としたクロメート処理を有色クロメートまたはクロメートといい，虹色を帯びた黄褐色のめっきです。

【黒亜鉛】

　黒色と耐食性を主として，硝酸銀などを含んだ溶液によるクロメート処理を黒色クロメートまたは黒亜鉛といいます。耐食性は有色クロメートや光沢クロメートより劣ります。

　これらのめっきの工程では鉛やカドミウム，六価クロムなどの有害物質を含有することがあり，このことが2006年にEU（欧州連合）による電気電子機器における特性有害物質の使用制限であるRoHS規制対象物質

ユニクロ　　　クロメート　　　黒亜鉛
図 3.8　ねじのめっき

になっていることから，三価クロム等への代替材料への転換が進められています。

　さらに2007年に同じく欧州でREACH規制という化学物質管理における法規制が施行されて，EU域内で製造及び使用される化学物質について，登録，評価，認可，制限の義務が課されることになりました。人の健康や環境の保護に向けた動向に注意を払いながら，対応していく必要があります。

② 無電解めっき

　無電解めっきは電気を使うことなく，材料をめっき液に浸すだけで、めっき金属を析出させる技術です。この反応は異種金属のイオン化傾向の差を使用した還元反応によるため，化学めっきとも呼ばれます（図3.9）。

　無電解めっきは電気めっきよりも均一な膜厚を作成できるため，複雑な形状や寸法精度が必要な素材へのめっきに適しています。また，硬さや耐摩耗性などの機械的特性に優れた皮膜を作成することができることやプラスチックやセラミックスなどの不導体にもめっきができるなどの特長があります。

　ねじにはニッケルとリンの合金めっきである無電解ニッケルめっきが多く用いられています。

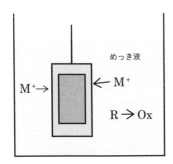

酸化：$R + H_2O \rightarrow Ox + 2H^+ + 2e^-$
還元：$M^+ + e^- \rightarrow M$

R は還元剤，Ox は酸化物

図 3.9　**無電解めっきの原理**

③ 溶融めっき

　溶融めっきは溶融金属中に処理物を浸してから引き揚げて凝固させることで表面に溶融金属の皮膜を形成させて，合金化する技術です（図3.10）。耐食性に優れた厚い皮膜ができますが，表面の粗さや外観は電気めっきより劣ります。俗にどぶめっきやてんぷらめっきなどとも呼ばれます。

　代表的な溶融めっきには，鉄にスズをめっきをしたブリキや鉄に亜鉛をめっきをしたトタンがあります。ねじの場合には防食性に優れており，鉄との密着性もよい溶融亜鉛めっきが多く用いられています。

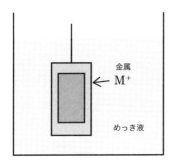

図 3.10　溶融めっきの原理

④ 陽極酸化処理

　陽極酸化処理は材料表面に付着させたい金属の陰イオンを含む溶液中にめっきをしたい材料を陽極として浸して金属を表面に析出する技術です（図3.11）。陽極酸化処理は電気めっきに不向きなアルミニウムに多く使用されます。また，チタンやマグネシウムにも施すことができます。

　アルマイト処理とも呼ばれるこの技術には，耐食性や耐摩耗性，高硬度などの特性があります。電気めっきが表面処理をしたい金属を陰極とするのに対して，陽極酸化処理は陽極とすることが異なります。なお，陽極酸化の皮膜層の厚さは一般的に，加える電圧の大きさに比例して厚くなります。この処理によって生成された酸化被膜にはとても小さな穴が発生するため，この部分に染料を吸収させることで，さまざまな色に着色することができます。

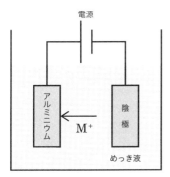

図 3.11　陽極酸化処理の原理

3.2 ねじの強度

ねじの強度の説明に入る前に，材料の強さについて考えてみます。材料に外力が作用すると，その反作用として材料内部に抵抗する力がはたらき，この力が外力とつり合います。この外力のことを荷重ともいいます。

① 弾性と塑性

金属の引張コイルばねに外力を加えるとき，加える外力の大きさとばねの伸びはある範囲内ならば比例します。そして，外力を除くとばねの変形は元の状態に戻ります。このような性質を弾性といい，金属のばねだけでなく，金属の丸棒でもこのような性質をもちます。さらに大きな外力がはたらき，外力を除いても変形が戻らなくなる範囲のことを塑性といいます。

② 応力

金属の丸棒に外力がはたらくと，材料の断面にはこれと同じ大きさの内力が発生します。この単位面積あたりの内力を応力といい，ある断面積 A [mm²] に荷重 W [N] がはたらくときの応力 σ [N/mm²] は次式で表されます。

$$\sigma = \frac{W}{A} \quad [\text{N/mm}^2]$$

たとえば，直径14mmの丸棒に6kNの引張荷重が加えられたとき（図3.12）の応力は次のように求めることができます。

解答

$W = 6\ \text{kN} = 6000\ \text{N}, \quad A = \frac{\pi}{4} \times 14^2 = 49\pi$ より，

$$\sigma = \frac{W}{A} = \frac{6000}{49\pi} = 39.0 \quad [\text{N/mm}^2] = 39.0 \quad [\text{MPa}]$$

6 kN

直径 d の丸棒の断面積 A は，
$A = \frac{\pi}{4} \times d^2$

φ14

引張荷重

図 3.12 **引張荷重を受ける丸棒**

ここで，1Pa = 1 N/m^2 より，1MPa = 10^{6}Pa = 1 N/mm^2 と表すことができます。

特に金属材料の強度を表すときには，MPaが多く使用されるので，その物理的な意味を理解しておくとよいでしょう。

材料にせん断荷重 W が加わると，荷重に平行な任意の断面には，この荷重 W に等しい内力が生じます。この内力による応力をせん断応力といいます。

ある断面積 A [mm^2] に荷重 W [N] がはたらくときのせん断応力 τ [N/mm^2] は次式で表されます。

$$\tau = \frac{W}{A} \quad [\text{N/mm}^2]$$

たとえば，M8の六角ボルトに10kNのせん断荷重がはたらくとき（図3.13）に生じるせん断応力は次のように求めることができます。

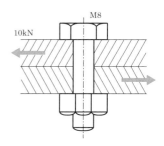

（解答）

$W = 10000\text{N}, \quad A = \dfrac{\pi}{4} \times 8^2 = 50.24\text{mm}^2$ より，

$$\tau = \frac{W}{A} = \frac{10000}{50.24} = 199\text{N/mm}^2$$

図 3.13　せん断荷重を受けるボルト

③ 弾性係数

比例限度内にて，応力とひずみが比例することをフックの法則といいます。また，この比例定数を弾性係数といい，材料によって固有に値をもちます。

垂直応力 σ [MPa] が加わり，縦ひずみ ε が生じたときの弾性係数を縦弾性係数 E [MPa] といい，次式で表されます。また，縦弾性係数のことをヤング率ともいいます。

主な金属材料の縦弾性係数 E [GPa] は，軟鋼では192，硬鋼では206，黄銅では108，アルミニウム合金では72.5などです。

$$E = \frac{\sigma}{\varepsilon} \qquad \text{または，} \quad \sigma = E\varepsilon$$

④ ひずみ

　応力の定義では材料の変形具合については述べていませんでしたが，一定以上の外力がはたらくと材料は変形を開始します。元の長さに対する変形量の割合をひずみといい，元の長さ L の軸方向に外力が加わり，ΔL の変形量があったとき，ひずみ ε は次式で表されます。なお，ひずみに単位はありませんが百分率で表記することもあります。

$$\varepsilon = \frac{\Delta L}{L}$$

　なお，軸方向へのひずみを縦ひずみといい，軸とは直角の方向へのひずみである横ひずみとは区別をします。元の直径 d の丸棒の軸方向に外力が加わり，軸直角の方向に Δd の変形量があったとき，横ひずみ ε_1 は次式で表されます。また，縦ひずみと横ひずみの比の絶対値をポアソン比といい，弾性限界内では材料固有の定数と見なされます。主な金属材料のポアソン比は，鋼では $0.28 \sim 0.30$，黄銅では 0.35，アルミニウムでは 0.345 などです。

$$\varepsilon_1 = \frac{\Delta d}{d}$$

　たとえば，図3.14に示すような長さ1mの鋼線に引張荷重が加えたとき，0.5mm伸びたときのひずみは次のように求めることができます。

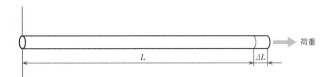

荷重

L　ΔL

図 3.14　引張荷重を受ける鋼線

解答

　長さ $L = 1\text{m} = 1000\text{mm}$，変形量 $\Delta L = 0.5\text{mm}$ より，
　$\varepsilon = \dfrac{\Delta L}{L} = \dfrac{0.5}{1000} = 0.0005$ または 0.05%

⑤ 応力-ひずみ線図

材料の性質を知るためには，その材料に加えた応力とひずみの関係を表した応力 -ひずみ線図が利用されます。ここでは代表的な金属材料である軟鋼の応力-ひずみ線図（図3.15）を紹介しながら，説明します。

材料に引張荷重を加えていくと，比例限度までは応力とひずみは比例します。また，荷重を取り除くと変形が元に戻る，すなわちひずみがなくなる応力の限度を弾性限度といいます。弾性限度を超えると，応力が増加せずにひずみだけが増加する区間が現れます。このときの最大応力を降伏点といい，軟鋼でははっきりとみることができます。

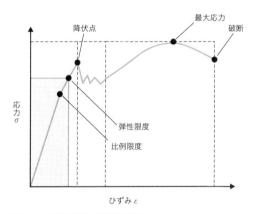

図 3.15　**軟鋼の応力 - ひずみ線図**

また，降伏点が現れにくい材料の場合には，応力が消滅しても元に戻らなくなる永久ひずみが一定値（一般には0.2%）になる応力である耐力を使用することがあります。

なお，機械設計では使用する各部材が弾性限度を超えないように，図3.15の薄緑色の部分で材料を使用することが基本となります。

応力-ひずみ線図において，応力が最大になる点を最大応力といい，引張試験の場合にはこれを引張強さともいいます。引張強さは材料の強さに関する代表的な基準となります。最大応力を超えると応力は低下して，その後に破断します。

3.2.2 ⊕ ねじの強さ

① ボルトの強度区分

　JISには炭素鋼及び合金鋼製締結用部品の機械的性質が規定されています。ボルトの強度区分に対する機械的性質を抜粋したものを表3.1に示します。

　この表では横方向に3.6，4.6，〜 10.9，12.9の数値が並んでおり，これが強度区分です。そして縦方向には，引張強さや降伏点，保証荷重応力などの数値が並んでいます。

　ここで3.6 〜 12.9の数字はボルトの引張強さと降伏応力を表しています。例えば，4.8の4は引張強さが400N/mm^{2}であること，また8は降伏応力が引張強さの80%であることを示しています。すなわち，この場合の降伏応力は400 × 0.8 = 320N/mm^{2}です。よって，320N/mm^{2}までの範囲で使用します。

　もう一つ，12.9の場合には，12は引張強さが1200N/mm^{2}であること，また9は降伏応力が引張強さの90%であることを示しています。すなわち，この場合の降伏応力は1200 × 0.9 = 1080N/mm^{2}です。よって，1080N/mm^{2}までの範囲で使用することになります。

　なお，表の下の方にある保証荷重応力とは，ボルトが永久変形を起こさない応力値であり，降伏応力の90%前後に規定されています。また，表の最下段にある破断伸びとは，破断後の永久伸びを元の評点距離に対して百分率で表した値です。表からは強度区分の数値が大きいほど破断伸びは小さくなることがわかります。なお，ボルトの強度区分の数値はボルトの上面に表記されていることがあります（図3.16）。

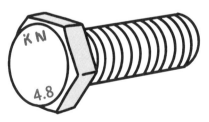

図 3.16　**強度区分 4.8 が表記された六角ボルト**

表 3.1 ボルトの強度区分に対する機械的性質
（出典：炭素鋼及び合金鋼製締結用部品の機械的性質 JIS B 1051：2000 より抜粋）

機械的性質		強度区分						8.8[1]		9.8[2]	10.9	12.9
		3.6	4.6	4.8	5.6	5.8	6.8	$d \leqq 16$	$d > 16$[3]			
呼び引張強さ $R_{m,nom}$ N/mm²		300	400		500		600	800	800	900	1000	1200
最小引張強さ $R_{m,min}$[4] N/mm²		330	400	420	500	520	600	800	830	900	1040	1220
ビッカース硬さ HV	最小	95	120	130	155	160	190	250	255	290	320	385
$F \geqq 98N$	最大	220[5]					250	320	335	360	380	435
ブリネル硬さ HB	最小	90	114	124	147	152	181	238	242	276	304	366
$F = 30D^2/0.102$	最大	209[5]					238	304	318	342	361	414
ロックウェル硬さ	最小 HRB	52	67	71	79	82	89	—	—	—	—	—
	最小 HRC	—	—	—	—	—	—	22	23	28	32	39
	最大 HRB	95.0[5]					99.5	—	—	—	—	—
	最大 HRC	—					—	32	34	37	39	44
表面硬さ HV0.3	最大							[6]				
下降伏点 R_{eL}[7] N/mm²	呼び	180	240	320	300	400	480	—	—	—	—	—
	最小	190	240	340	300	420	480	—	—	—	—	—
0.2%耐力 $R_{p0.2}$[8] N/mm²	呼び	—					—	640	640	720	900	1080
	最小	—					—	640	660	720	940	1100
保証荷重	S_p/R_{eL} または $S_p/R_{p0.2}$	0.94	0.94	0.91	0.93	0.9	0.92	0.91	0.91	0.9	0.88	0.88
応力 S_p	N/mm²	180	225	310	280	380	440	580	600	650	830	970
破断伸び %	最小	25	22	—	20	—	—	12	12	10	9	8

注(1) 強度区分 8.8，$d \leqq 16$mm のボルトを，ボルトの保証荷重を超えて過度に締め付けた場合には，ナットのねじ山がせん断破壊を起こす危険性がある。

(2) 強度区分 9.8 は，ねじの呼び径 16mm 以下のものだけに適用する。

(3) 強度区分 8.8 の鋼構造用ボルトに対しては，ねじの呼び径 12mm で区分する。

(4) 最小の引張強さは，呼び長さ 2.5d 以上のものに適用し，呼び長さ 2.5d 未満のものまたは引張試験ができないもの（例えば，特殊な頭部形状のもの）には，最小の硬さを適用する。

(5) ボルト，ねじ及び植込みボルトのねじ部先端面の硬さは，250HV，238HB または 99.5HRB 以下とする。

(6) 強度区分 8.8 - 12.9 の製品の表面硬さは，内部の硬さよりも，ビッカース硬さ HV0.3 の値で 30 ポイントを超える差があってはならない。ただし，強度区分 10.9 の製品の表面硬さは，390HV を超えてはならない。

(7) 下降伏点 R_{eL} の測定ができないものは，0.2% の耐力 $R_{p0.2}$ による。強度区分 4.8，5.8 及び 6.8 に対する R_{eL} の値は，計算のためだけのもので，試験のための値ではない。

(8) 強度区分の表し方に従う降伏応力比及び最小の 0.2% 耐力 $R_{p0.2}$ は，削出試験片による試験に適用するものであって，製品そのものによる試験で，これらの値を求めようとすると製品の製造方法またはねじの呼び径の大きさなどが原因で，この値がかわることがある。

なお，この表にはビッカース硬さやブリネル硬さ，ロックウェル硬さなどが記載されており，硬さに関する数値はこれが大きいほど材料が硬いことを意味します。材料の機械的性質において，硬さ試験は磨耗に対する抵抗や展延性などとも関係するため，引張強さと並んで重要なものと位置づけられています。

　　ところが不思議なことに硬さは，長さや質量，時間などの単位の組み合わせで定義される物理量ではありません。すなわち，硬さに関する物理的な定義は存在しないのです。硬さとは，他の物体によって力を加えられたとき，それに抵抗する力の程度を示す尺度という言い方もありますが，すべての測定物に共通した硬さを求める方法はありません。そのため，現在でも目的や用途に応じて，さまざまな硬さ試験方法が使用されており，ここでも数種類の硬さの記述があるのです。

　　次に，六角穴付きボルトの機械的性質（1）を表3.2に示します。この表には，ボルトの呼び径とその有効断面積，またボルトの強度区分10.9及び12.9の最小引張荷重，0.2%耐力荷重，許容最大軸力などがまとめられています。ここで軸力とは，ボルトを回転させて締め付けたときに発生する締め付け力のことです。

　　例えば，ねじの呼びがM10で強度区分が10.9である六角穴付きボルトは，有効断面積が58mm^{2}であり，その機械的性質は，最小引張荷重が60300N，0.2%耐力荷重が52100N，許容最大軸力が36500Nであることが読み取れます。

表 3.2　**六角穴付きボルトの機械的性質**（1）

ねじの呼び	有効断面積 [mm²]	最小引張荷重 [N]		0.2% 耐力荷重 [N]		許容最大軸力 [N]	
		10.9	12.9	10.9	12.9	10.9	12.9
M1.6	1.27	1320	1550	1140	1370	790	950
M2	2.07	2150	2530	1860	2230	1300	1560
M2.5	3.39	3530	4140	3050	3660	2130	2560
M3	5.03	5230	6140	4520	5430	3160	3800
M4	8.78	9130	10700	7900	9480	5530	6630
M5	14.2	14800	17300	12700	15300	8930	10700
M6	20.1	20900	24500	18000	21700	12600	15200
M8	36.6	38100	44600	32900	39500	23000	27600
M10	58	60300	70800	52100	62600	36500	43800
M12	84.3	87700	103000	75800	91000	53000	63700
M14	115	120000	140000	103000	124000	72700	87200
M16	157	163000	192000	141000	169000	98700	118000
M18	192	200000	234000	173000	207000	121000	145000
M20	245	255000	299000	220000	264000	154000	185000
M22	303	315000	370000	273000	327000	191000	229000
M24	353	367000	431000	317000	380000	222000	266000
M27	459	477000	560000	413000	496000	289000	347000
M30	561	583000	684000	504000	605000	353000	423000

備考　1. 上記表中の最小引張荷重は JIS B 1051: 2000 による
　　　2. 0.2% 耐力荷重＝ 0.2% 耐力×有効断面積
　　　3. 許容最大軸力＝ 0.7 × 0.2% 耐力荷重

　さらに，六角穴付きボルトの機械的性質（2）を表3.3に示します。この表でA2–
50，A2–70の記号はステンレス鋼を表しており，A2–50のAはオーステナイト系
ステンレス鋼，2は化学組成のグループ，50は引張強さが500N/mm²であることを
示しています。なお，フェライト系にはF，マルテンサイト系にはCの記号が使用
されます。

　例えば，ねじの呼びがM6でA2–50のステンレス鋼製の六角穴付きボルトの機
械的性質は，有効断面積が20.1mm²，最小引張荷重が10000N，0.2%耐力荷重が
4220N，許容最大軸力が2950Nであることが読み取れます。

　また，ねじの呼びが1mm異なるだけでも，最小引張強度などの値が大きく変化
することも読み取ることができます。

表3.3　六角穴付きボルトの機械的性質（2）

ねじの呼び	有効断面積 [mm²]	最小引張荷重[N]		0.2%耐力荷重[N]		許容最大軸力[N]	
		A2–50	A2–70	A2–50	A2–70	A2–50	A2–70
M2	2.07	1030	1450	430	930	300	650
M2.5	3.39	1690	2370	710	1520	490	1060
M3	5.03	2510	3520	1050	2260	730	1580
M4	8.78	4380	6140	1840	3940	1280	2750
M5	14.2	7090	9920	2970	6380	2070	4460
M6	20.1	10000	14000	4220	9050	2950	6330
M8	36.6	18300	25600	7680	16400	5370	11500
M10	58	28900	40500	12100	26000	8510	18200
M12	84.3	42100	58900	17600	37900	12300	26500
M14	115	57700	80800	24200	51900	16900	36300
M16	157	78300	109000	32900	70500	23000	49300
M20	245	122000	171000	51400	110000	35900	77100

備考　1.　0.2%耐力荷重＝0.2%耐力×有効断面積
　　　2.　許容最大軸力＝0.7×0.2%耐力荷重

　ねじの強度は単に1本のボルトを引張ったときの強度ではなく，何らかのめねじ
をもつ部品と合わせたねじ締結体としての強度として考える必要があります。近年
はコンピュータを活用した解析も盛んになり，ねじ締結部の複雑な挙動も解明され
てきています。ねじを活用する側としては，これらの研究成果によって定められた
各種の規格を参照しながら，適材適所にあてはまるねじを選定できるとよいです。

② ナットの強度区分

　ボルトの強度を十分に発揮させるためには，適切な強度を持つナットとの組み合わせが重要となります。そのため，JISではナットの強度区分に応じて，それと組み合わせるボルトの強度区分及び呼び径の範囲が規定されています。この関係を表3.4に示します。これは，ボルトを締め付けすぎて破損したとしても，ねじ山の部分で破損するのではなく，ボルトの軸部分で破断すると決められたものです。具体的には，ナットの呼び径を d としたとき，高さが $0.8d$ 以上のナットの強度区分は，4，5，6，8，9，10，12 の7段階で規定されています。ナットの呼び径と高さを図3.17に示します。

　例えば，ナットの強度区分の4と組み合わせることができるボルトの強度区分は3.6，4.6，4.8のいずれかであり，ねじの呼び径範囲はM16以下です。

　なお，ナットの呼び径範囲のスタイル2にある10割ナットとは，高さが呼び径の10割，すなわち呼び径がM12ならば，高さは10mmです。

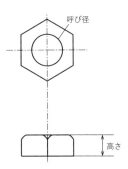

図 3.17　ナットの径と高さ

表 3.4　ナットの強度区分と組み合わせるボルト

ナットの強度区分	組み合わせるボルト		ナットの呼び径範囲	
	強度区分	ねじの呼び径範囲	スタイル1（1種/2種）	スタイル2（10割ナット）
4	3.6, 4.6, 4.8	＞M16	＞M16	－
5	3.6, 4.6, 4.8	≦M16	≦M39	－
	5.6, 5.8	≦M39		
6	6.8	≦M39	≦M39	－
8	8.8	≦M39	≦M39	＞M16 ≦M39
9	9.8	≦M16	－	≦M16
10	10.9	≦M39	≦M39	－
12	12.9	≦M39	≦M16	≦M39

（出典：JIS B 1052-2 より抜粋）

3.3 ねじの締結

3.3.1 ⊕ ねじの力学

「ねじは斜面の応用である」とよく言われるように，ねじにはたらく力は力学的に説明することができます。物を持ち上げるとき，そのまま真上に持ち上げるよりも斜面に沿って持ち上げたほうが小さな力で持ち上げることができます。また，素手でそのままねじを強く締結することはできませんが，スパナで締め付けたねじはとても素手で外すことはできません。ここではねじの締結について，ねじの力学を順番に説明していきます。

① ねじと斜面

直角三角形に切った紙を丸めて円柱を作るとつる巻線ができました。ねじの働きはこの斜面に沿って物体を持ち上げたり，下げたりすることとして考えることができます。ねじの原理を考えるときには，再度，直角三角形(図3.18)に戻して考えます。

人が荷物を持ち上げようとしたとき，鉛直方向に持ち上げるよりも斜面に沿って持ち上げた方が小さな力ですみます。ただし，このときその高さまで移動させる距離が鉛直方向に持ち上がるよりも長くなります。これは斜面にはたらく力を分解で考えることで説明できます。

物体を鉛直方向に持ち上げるとき，この物体には重力 W がはたらいており，斜面を用いた場合にはこの重力 W を斜面に平行な力である $W \sin\theta$ と斜面に垂直な力である $W \cos\theta$ に分解できます (図3.18)。

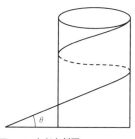
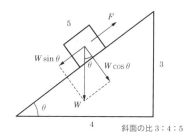

斜面の比 3 : 4 : 5

図 3.18　ねじと斜面

　斜面に沿って物体を持ち上げるためには，$W \sin\theta$の反対側にこれより大きな力を加えればよいことになります。

　たとえば斜面の比が3：4：5の場合，斜面に沿って10kgの物体を持ち上げるならば，$W \sin\theta = 10 \times 3/5 = 6$kgの力ですみます。ただし，高さが3のところ，斜面に沿って5だけ移動させる必要があります。

② ねじにはたらく力

　ねじの締結原理について，図3.19を用いて説明します。図3.18よりも実際のねじの締結に近づけるため，荷重Wを水平方向の力Fで持ち上げることとするとともに，斜面に沿って摩擦力fがはたらくとしました。この図で斜面と物体の関係がボルトとナットの関係に相当するのです。

　荷重W及び力Fの斜面に平行な分力をそれぞれS及びT，斜面に垂直な分力をそれぞれR及びNとすると，次式が成立します。

$$S = W \sin\theta \qquad R = W \cos\theta$$
$$T = F \cos\theta \qquad N = F \sin\theta$$

また，斜面にはたらく垂直応力は$R + N$であるから，斜面にはたらく静止摩擦係数をμとすると，摩擦力は次式で表されます。

$$f = \mu(R + N)$$

この摩擦力fは力Fの分力であるTと逆向きにはたらくため，次式が成立します。

$$T = S + f$$

そして，このTの式に荷重W及び力F，摩擦力Tの式などを代入して力Fを求めます。

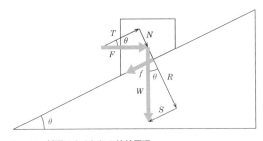

図3.19　**斜面によるねじの締結原理**

$$F \cos\theta = W \sin\theta + \mu\,(W \cos\theta + F \sin\theta)\ \text{より,}$$

$$F = W\frac{\sin\theta + \mu\cos\theta}{\cos\theta - \mu\sin\theta} = W\frac{\tan\theta + \mu}{1 - \mu\tan\theta}$$

　摩擦角を ϕ とすると，$\mu = \tan\phi$ であるから，タンジェント（tan）の加法定理により次式が成立します。ここで摩擦角とは，斜面上に乗せた物体について，傾斜角を少しずつ大きくしていく実験をしたときに物体が滑り始めるときの傾斜角のことです。

$$F = W \tan\,(\phi + \theta)$$

$$\tan\,(A + B) = W\frac{\tan A + \tan B}{1 - \tan A \tan B}$$

── タンジェントの加法定理 ──

　これがねじの締結に必要な力 F の基本式となります。なお，ねじをゆるめることは，図3.19において荷重 W の物体を力 F' で押し下げることになり，このとき摩擦力 f 等も逆向きになるため，ねじをゆるめる力 F' は次式で表されます。また，これらの式において斜面の角度 θ よりも摩擦角 ϕ が小さいときには，ねじが自然にゆるむことになります。

$$F' = W \tan\,(\phi - \theta)$$

　ねじの締結において摩擦力は重要な役割を果たしており，これはねじの締結の重要な基本事項となります。すなわち，ねじによって部品同士が締結できる原理はそこにはたらく摩擦力によるのです。

　摩擦力 f を定義した式である $f = \mu N$ において，f を大きくするためには静止摩擦係数 μ と垂直抗力 N を大きくすればよいことがわかります。静止摩擦係数を大きくするためには，接触面をざらざらにして静止摩擦係数を大きくすることが考えられます。より重要となるのは垂直抗力を大きくすることです。ねじを締結できるのは，おねじとめねじのねじ山が接触しているだけではなく，締結によってボルトやナットの頭部に垂直抗力がはたらくことが重要になります。

③ ねじを回すモーメント

　ねじを回転させるための力のモーメント M は，図3.20において力の大きさ F_S とスパナの長さ L との積で表すことができます。すなわち，同じ大きさのねじを締めようとするときには，スパナが長いほど大きな力をかけることができることになります。なお，回転軸まわりのモーメントのことをトルクといい，ねじ回しの場合にもトルクが使用されることもあります。

　また，このときねじ部にはたらく力のモーメント M はスパナに加える力 F_S とねじの有効径の半分である半径との積で表すことができ，2つのモーメント M は等しくなります。

$$M = F_\mathrm{S}L = F\frac{d_2}{2}$$

　また，$F = W \tan(\phi + \theta)$ の関係式を用いて変形すると次式を導出できます。

$$M = \frac{Wd_2}{2}\tan(\phi + \theta)$$

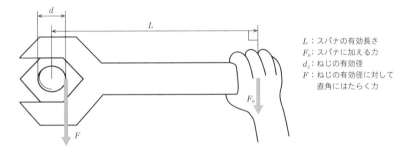

図 3.20　スパナによるねじ回し

　　　L：スパナの有効長さ
　　　F_S：スパナに加える力
　　　d_2：ねじの有効径
　　　F：ねじの有効径に対して
　　　　　直角にはたらく力

　この関係式は摩擦係数等をその都度，測定しなければならないため，実用的にはこれを簡略化した次式が用いられます。

$$M = F_\mathrm{S}L = 0.2dW$$

　有効長さ200mmのスパナでM8のメートルねじに100Nの力を加えて回転させるとき，ねじを締め付ける力の大きさを求めてみます。

（解答）

$M = F_S L = 0.2dW$ より，

$$W = \frac{F_S L}{0.2d} = \frac{100 \times 200}{0.2 \times 0.8} = \frac{20000}{1.6} = 12500\,[\mathrm{N}]$$

スパナに加えた力は100Nでしたが，ねじには12500Nの力がはたらいていることがわかります。すなわち，スパナに加えた力の125倍の力がねじの締めつけにはたらいているのです。

スパナに加えた力のモーメント（トルク）はボルトの頭部からねじの締結部に伝わり，図3.21に示すような軸力となります。締め付けトルクが小さ過ぎるとねじがゆるみ，締め付けトルクが大きすぎるとねじが破損するため，ねじの締め付けはこの締め付けトルクを把握しておくことは大事なことです。

ところが，この締め付けトルクがすべて軸力に変換されるわけではなく，その約90%はねじ面及び座面の摩擦によって消費されており，軸力としてはたらくのは約10%であることが知られています。

普通，個人のメイカーの作業ではねじの締め付けトルクを気にすることはほとんどありませんが，ねじの締結はこのように奥が深いのです。

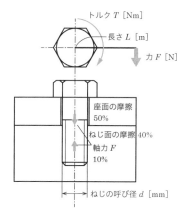

図3.21　ねじの締め付けトルクと軸力

3.3.2 ⊕ ねじ締め付け管理方法

　ねじ締結においてねじの軸方向にはたらく軸力の管理は重要です。なぜなら，軸力が小さいと振動などによるゆるみの原因になり，大きすぎるとねじが塑性変形をして伸びたり，被締結部材が破壊したりするためです。しかし，軸力を直接把握するのは困難であるため，締め付けトルクのような代用特性を利用して管理しています。ここでは代表的なねじ締め付け管理方法を3種類紹介します。

① トルク法

　トルク法は締め付けトルクと締め付け力との線形関係を利用したねじ締め付け管理方法です。この方法は締め付け作業時に締め付けトルクだけを管理するため，特殊な締め付け用具を必要としない作業性に優れた簡便な方法です。トルク法における締め付けトルク T と軸力 F の関係を図3.22に示します。

　このグラフより，摩擦係数が小さいと軸力は大きくなり，摩擦係数が大きいと軸力が小さくなることがわかります。すなわち，摩擦係数の値によって軸力が大きく変化するため，ばらつきの範囲が大きいことがわかります。

　これは締め付けトルクの90%前後はねじ面及び座面の摩擦によって消費されるため，初期締め付け力のばらつきや締め付け作業時の摩擦特性の管理の程度によって大きく変化するためです。

　このばらつきを低減するためには，製造時におけるボルトの形状誤差を低減すること，また締結時にボルトを傾けないことなどがあげられます。

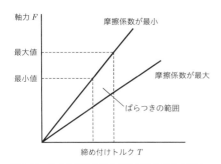

図 3.22　**トルク法における締め付けトルクと軸力**

② 回転角法

回転角法は締め付け回転角を締め付け指標として締め付け管理を行う方法です。この方法はボルトとナットが設定された角度だけ回転させたときの軸力を測定するものであり，トルク法の不安定要素であった摩擦係数の影響を低減することを目的としています。回転角法は締め付けによってボルトが降伏することのない弾性締め付けを行う弾性回転角法と塑性締め付けを行う塑性回転角法の二種類に分類されます。回転角法における回転角度 θ と軸力 F の関係を図3.23に示します。ボルトを締め付けはじめてからボルトの座面とねじ面が完全に接触するまで，軸力は少しずつ増加します。これが完全に接触したスナグ点を超えると軸力 F は傾きが大きくなり，線形に増加します。降伏点を超えて塑性域に入ると，非線形になるとともに傾きが小さくなり，締め付け軸力の最大点を超えた後に破断します。

弾性域締め付けではスナグ点がボルトごとにばらつきやすいため，作業が簡単なトルク法の方が多く用いられており，ばらつきが小さくなる塑性域締め付けが行われます。

塑性域締め付けは一度外したボルトの再利用ができないものの，ボルトの強度を有効に使用できることや締め付けトルクのばらつきが小さくなる長所もあります。そのため，再組立ての必要が少ない締結部で用いられるようになり，自動車のエンジンまわりの締結などにも採用されています。

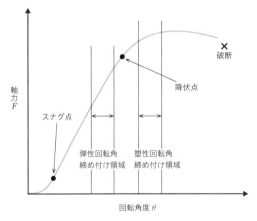

図 3.23　回転角法における回転角度と軸力

③ トルク勾配法

　トルク勾配法は締め付け回転角に対する締め付けトルクの勾配（$dT/d\theta$）を締め付け指標として締め付け管理を行う方法です。回転法におけるスナグ点のばらつきの影響を排除しようと生み出されたものであり，締め付け時の回転角とトルク曲線の勾配を検出して軸力を管理します。トルク勾配法における回転角度θ，トルクT及びトルク勾配（$dT/d\theta$）の関係を図3.24に示します。締め付けトルクはスナグ点まで徐々に増加して，その後は傾きが大きくなり，線形に増加します。この間，トルク勾配はスナグ点まで急激に増加して，ボルトが塑性変形を開始するまでは一定を保ち，その後急激に減少します。ここで，スナグ点は，ねじと座面を密着させるために必要な締め付けトルクを作用させた点のことです。

　ねじ部材を塑性域まで締め付ける場合，弾性域を越えて塑性域に入った初期状態で締め付けを完了する必要があります。そのため締め付けによるトルクの立上がり勾配を検出して締め付け管理を行うことが重要です。この方法は軸力のばらつきがトルク法より小さく，比較的大きな荷重の場合でも測定ができます。

　ただし，トルクの勾配をセンサなどで検出して，弾性域から塑性域への変化点などをコンピュータで算出しながら締め付けるため，手動での締め付けはできず，専用のトルクレンチや測定機器が必要となります。それでも信頼性のある測定ができるため，自動車のエンジンまわりのボルトの締め付けなどに使用されています。

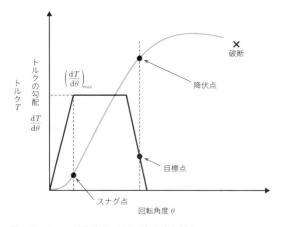

図3.24　トルク勾配法における回転角度と軸力

3.3.3 ⊕ ねじの締め付け工具

　メイカーの皆さんも何かしらのねじ回しを使用したことがあると思いますが、締め付け工具には多種多様なものがあります。適材適所で使用するねじやボルトの選定ができたら、適切な締め付け工具で締結を行ってみましょう。

① ドライバー

　小ねじの締結に使用される代表的な締め付け工具はドライバーです。一般的には十字穴付き小ねじを締結するプラスドライバー、すり割り付き小ねじを締結するマイナスドライバーがあります（図3.25）。

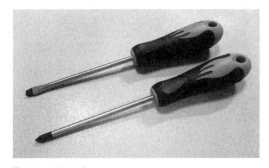

図3.25　ドライバー

【プラスドライバー】

　JISでは十字穴付きの小ねじを締結するために十字ねじ回し等が規定されており、その形状には一般用のH形（呼び番号1番〜4番）と精密機器用のS形があります。また、本体と握り部との結合方法には普通形と貫通形、磁力の有無による分類などもあります。1番、2番…をNo.1、No.2と表記することもあり、一般的には2番が多く使用されています。

　JIS B 4633から抜粋したH形ねじ回しの先端部の形状を図3.26、S形ねじ回しの先端部の形状を図3.27に示します。H形の英文字には1番〜4番に対応した数値が入ります。例えば b の値は、1番では1.001mm、4番では3.574mmです。精密機械用のS形では同じ部分の寸法が0.49と小さく、尖った先端部をもちます。

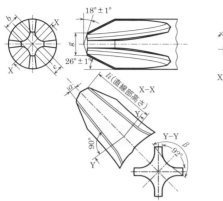

図 3.26　H 形ねじ回しの先端部の形状

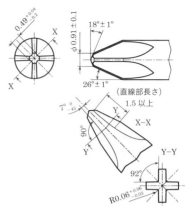

図 3.27　S 形ねじ回しの先端部の形状

　ドライバーで締結を行う場合には，ドライバーの握りをしっかり持ち，ねじ溝に対して垂直にして奥まで差し込み，ねじに力を加えながら回転させます。この締結の様子を図3.28に示します。他の締め付け工具は押し付ける力は不要ですが，ドライバーの場合には押し付けながら回転させる必要があるのです。一般的には押す力と回す力は7:3とされており，押す力が小さいとねじが滑りやすくなります。十字ねじ回しではねじの溝にドライバーの先端を合わせると自然にかみ合うため，作業性に優れます。また，磁力ありのドライバーはねじが落下しにくくなるため，さらに作業性が向上します。

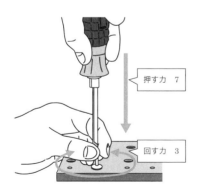

図 3.28　十字ねじ回しの使い方

【マイナスドライバー】

　十字ねじ回しはJISで規定されている用語ですが，一般的にはプラスドライバーとよばれています。それでは，マイナスドライバーはどのように規定されているのでしょうか？　JIS 4609ねじ回し‐すり割り付きねじ用にはすり割り付きのねじ回しのみの規定があります。ここではすり割り付きねじ回しをマイナスドライバーとして説明します。

　マイナスドライバーの大きさは呼び（先端の幅bの寸法×刃厚t，本体の長さLの寸法）の違いによって8種類に分類されています。一般的には図3.29の各部について，表3.5に示す寸法のものが多く流通しています。

表3.5　マイナスドライバーの刃幅b×刃厚tと長さL

刃幅b	刃厚t	長さL
4.5	0.6	50
5.5	0.7	75
6.0	0.8	100
7.0	0.9	125
8.0	1.0	150
9.0	1.1	200
10.0	1.2	250
10.0	1.3	300

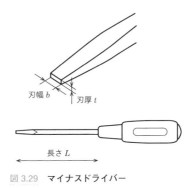

図 3.29　マイナスドライバー

　マイナスドライバーで締結を行う場合にも，押し付けながら回転させることはプラスドライバーと同じです。さらにマイナスドライバーを使用するときには，先端の幅がねじのすり割りの幅と一致するものを選定して，先端部の幅がねじの中心部に位置するようにして回転させます。すり割りの溝よりも小さすぎる厚みのドライバーを選定したり，先端を溝の端で回転させたりすると，すり割り部が滑る原因となるため，注意して使用する必要があります。

　マイナスドライバーはすり割り付きねじの用途がそれほど多くないためそれほど多くありません。レトロな家具や楽器などに用いられるほか，すり割り部分にゴミやホコリが溜まりにくいという利点をいかして，水まわりの配管などに使用されています。

【精密ドライバー】

　精密ドライバーはメガネや時計などの小ねじに使用されるドライバーです。十字穴付き小ねじを締結するプラスドライバーよりも小さなマイクロねじに対応できるドライバーも備えており，通常は6本程度のセットになっています。

　No.0は日本写真機工業規格（JCIS）の規格ですが，中にはそれより小さなNo.00，No.000という規格外の小さなドライバーもあります。メガネや時計に限らず，電子工作等にも幅広く使用できるため，メイカーの皆さんの手元にも1セットあると役立つでしょう。

　なお，精密ドライバーには柄の端に空回りする円盤状の支えがあり，この部分を手のひらで押すことにより，ねじに対してドライバーを垂直に保つことができ，ねじを回転する作業に集中できます。図3.30に精密ドライバーと柄の使い方を示します。

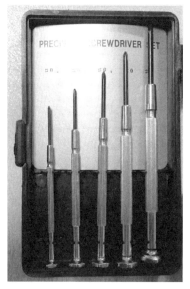
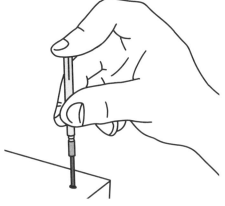

図3.30　**精密ドライバーと使い方**

　精密ドライバーのセットには，星形（★）や三角形（▲），Y型などの特殊形状もあります。

② スパナとレンチ

　スパナとレンチは，ボルトやナットの締結に使用される工具です。一般的には工具の先端が開放されたものをスパナ，閉じているものをレンチと呼ぶことが多いようですが，逆の意味で使用されているものもあるため，明確な区分けはないようです。代表的なスパナとレンチを次に紹介します。

【スパナ】

　スパナは先端が開放された締結工具であり，持ち手の片側に口をもつ片口スパナ，両端に口をもつ両口スパナがあり（図3.31），後者が一般的です。どちらも先端の口が開いているため，ボルトやナットの横方向からスパナを挿入して締結ができます。ただし，締結は六面のうち向かい合う二面のみに力がかかるため，ボルトやナットの端を傷めやすいという欠点があります。そのため，仮締めでの使用が推奨されています。

片口スパナ　　　　　　　両口スパナ

図3.31　スパナ

【六角レンチ】

　六角レンチは，六角穴付きボルトや六角穴付き止めねじなど，六角形の穴が開いたねじを回す際に使用される断面が六角形をした工具です。六角形の断面の大きさは六角形の対面幅で規定されており，単位にはミリメートルだけでなく，インチのものもあります。JISでは六角棒スパナという名称で規格化されていますが，一般的には六角レンチと呼ばれており，L形六角レンチやT形六角レンチなどの種類があります。

　六角レンチは六角穴に大きな接触面積で差し込んで締結できるため，六角形の対面だけをつかんで締結する工具よりもボルトに均一な力を加えることができます。

ドライバーのように押し付けながら回転させる必要がなく，回転させるだけで締結ができます。L形六角レンチ（図3.32）の締結では，はじめにL形の短い部分を持って早回しで締結をして，次に長い方を持って本締めをします。

　T形六角レンチ（図3.33）はハンドルを両手で持って，同じ力で回します。T形の部分はスペースをとるため，狭い場所での締め付けにはL形六角レンチの方が適しています。

図 3.32　L形六角レンチ

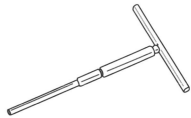

図 3.33　T形六角レンチ

　六角レンチは棒部分から先端まで六角柱をしていますが，先端が丸みを帯びたボールポイントと呼ばれるものもあります。ボールポイントを持つレンチ（図3.34）は約30度の角度を付けて斜めからレンチを回すことができます。ただし，トルクは当然小さくなるため，仮締めでの使用には向いていますが，本締めには不向きです。

図 3.34　ボールポイントを持つ六角レンチ

【モンキーレンチ】

　モンキーレンチ（図3.35）はボルトやナットをつかむ口の開閉をウォームギヤで

調整できる工具です。ウォームギヤを回すことで開口部を調整できるため，寸法が異なるレンチ複数本のはたらきをします。ただし，ウォームギヤ部でガタが発生することがあるとボルトやナットの端を傷めやすいこと、レンチの頭部が大きいため狭い場所では使いにくいなどの欠点があります。

　なお，JISではモンキレンチという用語で規定されておりますが，その由来は発明者の名前がモンキー氏だったこと，または工具の形状が猿に似ているなどの説があるようです。ただし，英語では調整ができるレンチという意味でアジャスタブルレンチ（Adjustable Wrench）とよばれます。

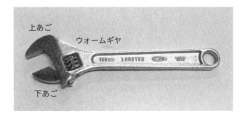

図 3.35　モンキーレンチ

【めがねレンチ】

　めがねレンチ（図3.36）はハンドルの両端にあるめがねのような輪形の部分で締め付ける工具であり，JISでもこの名称が規定されています。スパナはボルトやナットの横方向からレンチを挿入しましたが，めがねレンチは上方向からレンチを挿入します。ボルトやナットの六角形の全周を包み込むため，大きな力を加えてもボルトを傷つけることが少なく締結ができます。そのため，仮締めだけでなく，本締めにも向いています。

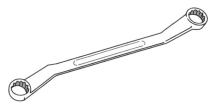

図 3.36　めがねレンチ

【ソケットレンチ】

ソケットレンチは1920年にアメリカで創業した工具メーカーであるスナップオン（Snap-on）創業者のジョセフ・ジョンソンによって，「少ない工具で多くの作業を」というアイデアのもと開発されました。このアイデアは従来，一体型だったレンチをハンドルとソケットに分離することでした。すなわち，ソケットレンチはボルトやナットの頭部に被せるソケットとこれを回転させるハンドルとから構成される工具です。使用状況に合わせて適当なソケットとハンドル，そして各種の補助具を組み合わせて使用します。

JISでは，ソケットレンチ用ソケット，ソケットレンチ用エクステンションバー，ソケットレンチ用スピンナハンドル，ソケットレンチ用ユニバーサルジョイント，ソケットレンチ用T形スライドハンドル，ソケットレンチ用ラチェットハンドル等が規定されています。ソケットレンチのセット（図3.37）には各種の寸法に対応できるように複数のソケットが入っています。

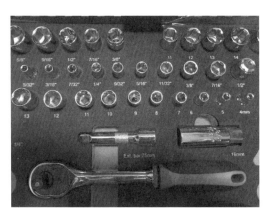

図 3.37　ソケットレンチのセット

ソケットレンチ用ソケットの選定は，ねじの大きさよりもやや大きいサイズの工具を合わせてから，順番に工具のサイズを小さくしていきます。そして，工具が入らなくなったらサイズ選びは終了です。手前で入った寸法のものを使用しましょう。サイズが合わない工具を使用すると，ねじ部を傷つけてしまうだけでなく，きちんとした締め付けができません。そのため，必ずねじのサイズに合わせた工具を

選ぶようにする必要があります。ソケットレンチ用のソケットとハンドルを図3.38
に示します。

図3.38　ソケットレンチの使用

　一般的に使用されているソケットレンチは，先端にあるソケットの差し込み角の
大きさによって，1/4インチ（6.35mm），3/8インチ（9.5mm），1/2インチ（12.7mm）
の3種類があります。ハンドル側にはドライブ角（凸側），ソケット側には差込角（凹
側）があり，これを差し込むことで接続します。

　ソケットレンチ用ラチェットハンドルは，動作方向を一方に制限するために用い
られる機構であり，切り替えレバーを操作することで右回転と左回転を切り替える
ことができます。

【手動式トルクレンチ】

　手動式トルクレンチ（図3.39）は主としてボルトまたはナットを所定のトルクで
締め付ける場合または締め付けトルクの測定に使用する工具です。JISではこのト
ルクレンチの目盛り表示について，アームが力に応じてたわみ，ヘッドに固定の指
針が動き，プレートの目盛でトルク値を表示するプレート形及びトルク値をダイヤ
ル形の目盛で読むようにしたダイヤル形などを規定しています。

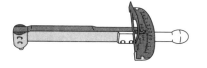 

プレート形　　　　　　　　　　　　　　　ダイヤル形

図3.39　手動式トルクレンチ

3.4　ねじのゆるみと対策

　どんなに強度をもつねじやボルトがあっても，それらの適切な締め付けができなければ，ねじはゆるんでしまいます。ねじのゆるみは人命に関わる大事故につながることもあるため，締め付け力の管理はとても重要です。ここでねじのゆるみとは，ねじやボルトの締め付け力である軸力が締め付け時よりも減少することです。ねじのゆるみ現象にはさまざまな要因があり，実際にはこれらが複合的に重なり合って発生しますが，おねじとめねじがゆるみ方向へ相対的に回転する回転ゆるみとおねじとめねじが相対的に回転しないでゆるむ非回転ゆるみに大別されます（図3.40）。

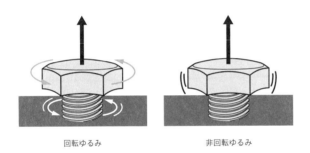

回転ゆるみ　　　　　　　　　　　非回転ゆるみ

図 3.40　回転ゆるみと非回転ゆるみ

3.4.1　回転ゆるみ

　回転ゆるみは，ねじ締結部に外力として振動や衝撃などがはたらき，ねじが回転しながらゆるみます。

　扇風機の羽根を中央で固定する1本のねじのように，ねじが被締結材に対して締結と回転軸を兼ねているときには，軸回りの力がはたらき，ねじがゆるむ原因となります。また，被締結部材に対して軸直角のせん断力がはたらき，少しでもすべると，ねじがゆるむ原因となります。さらに，ボルトにはたらく軸方向の引張荷重が増加して長さ方向に伸びると同時に半径方向には収縮するため，ねじがゆるむ原因となります。

　すなわち，外力がはたらく向きには，軸回り，軸直角，軸方向などがあり，部分的に圧力の変化が生じることで図3.41に示すような回転ゆるみが発生します。

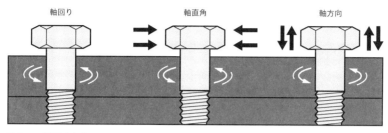

図 3.41　回転ゆるみ

　回転ゆるみは発生しているかを知る簡便な方法として，締結後にねじの頭部と被締結材とを結ぶ線をマーキングしておき，後にこの部分を観察したときにその線にずれが見られた場合，図3.42に示すように，回転ゆるみが発生したことがわかります。

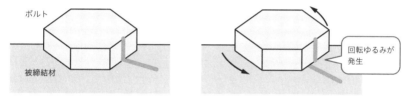

図 3.42　回転ゆるみの検出法

　回転ゆるみを防ぐ対策として，次のようなことがあげられます。

- 軸力を大きくするために，より太いねじを使用すること及び使用するねじの本数を増やす
- 各種の座金を使用して，接合面の摩擦を大きくする
- 左ねじを使用する
- 割りピンを使用する（図3.43）：半丸線の2本の足をもつ部品をボルトの先にあけた穴に通して先を左右に割ることでナットのゆるみ止めだけでなく，脱落防止のはたらきもある
- ロックワイヤを使用する（図3.44）：複数のねじにワイヤを巻き付ける専用の針金をボルトやナットにあけた穴に通して結ぶものであり，脱落防止のはたらきもある

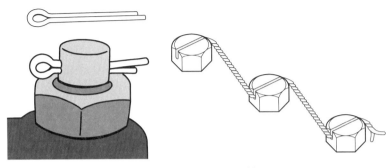

図 3.43　**割りピン**　　　　図 3.44　**ロックワイヤ**

ダブルナット（図 3.45）を使用する

締結部に 2 個のナットを使用してゆるみ止めを行います。

手順は以下の通りです。

(1) 下ナットを締め付ける

(2) 下ナットの締め付け力よりも強い力で上ナットを締め付ける：このとき上ナットと下ナットの間にロッキング力が生じて，戻り回転を防止します。

(3) 上ナットを固定して下ナットを逆回転させる：これによって締め付け力を向上させることができます。

図 3.45　**ダブルナット**

なお，ダブルナットで使用するナットの厚みは安定した軸力を発生させるため，2 個が同じ厚さのナットまたは上ナットを厚くして使用します。

3.4.2 ⊕ 非回転ゆるみ

非回転ゆるみは，ねじ締結体の弾性変形により，ゆるみ方向に回転しないゆるみであり，さらに初期ゆるみと陥没ゆるみ等に分類されます。

① 初期ゆるみ

初期ゆるみは，ねじやボルトの頭部座面及び被締結物の表面の粗さや微小な凹凸が経年変化や振動などで摩耗して隙間ができ，これが軸力の低下につながるゆるみです。このゆるみを小さくするためには，摩耗しにくい硬い材料を使用することや座面の接触面積を大きくすることなどがあげられます。

② 陥没ゆるみ

陥没ゆるみ（図3.46）は，ねじやボルトの強度が被締結物の強度よりも大きい場合，接触面が時間とともに変形して，これが軸力の低下につながるゆるみです。このゆるみを小さくするためには，座面の面積を大きくして座面面圧が被締結物の限界面圧を超えないようにすることやねじ部を長くすることなどがあげられます。

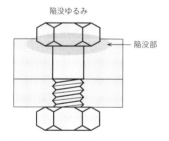

陥没ゆるみ

陥没部

図 3.46 陥没ゆるみ

③ 熱膨張ゆるみ

熱膨張ゆるみは，ねじやボルトと被締結物との熱膨張率の違いが軸力の低下につながるゆるみです。エンジンまわりなど，高温部でねじを使用する場合には特に注意をする必要があります。このゆるみを小さくするためには，耐熱鋼を使用することや熱膨張の異なる材料を使用しないことなどがあげられます。

3.5　メイカーによるねじの発注

　メイカーの皆さんが個人やグループで試作品や展示作品，組み立てワークショップなどを行う場合，必ずといってよいほどねじが必要になります。ここではどのようにしてねじを選定して，どこからどのように購入すればよいのかについて，まとめるので参考にしてください。

⑴ 必要なねじの形状や寸法，材質を決める

① ねじの形状
- 小ねじ…頭部形状（なべ，皿，丸皿など）
  頭部のくぼみ（十字穴付き，すり割り付き，いたずら防止など）
- タッピンねじ…ナットが不要
- 止めねじ
- ボルト…六角ボルト，六角穴付きボルトなど
- 座金…平座金，ばね座金，歯付き座金など
- ナット

② ねじの寸法
- 呼び径×長さ　例：M4 × 10 など
- メートルねじかインチねじか

③ 材質
- 鉄鋼…炭素鋼，合金鋼，ステンレス鋼など
  めっき…ユニクロ，クロメート
- 銅…純銅，黄銅，青銅，銅ニッケル合金など
- その他の金属…アルミニウム，チタンなど
- プラスチック…汎用プラスチック，エンジニアリングプラスチックなど

　機械設計において強度設計から行う場合には，引張強度の計算結果などを踏まえて，ボルト及びナットの強度区分に対応したものを選定します。

(2) 設計において検討しておくこと

① 締結法の検討

入手したねじをどのような工具で締結するのかについて，プラスドライバー，マイナスドライバー，六角レンチ，スパナなどの締結工具を準備しておく必要があります。

② 下穴の検討

小ねじやボルトを締結する場合，それを通す下穴が必要です。金属の場合にはボール盤を利用した穴あけ加工などが必要になります。特に，めねじの下穴をあける場合には，呼び径よりも小さな寸法になることを忘れないようにしましょう。

③ ねじの位置の検討

ロボットなどを設計・製作するとき，メカニズムやモーター，センサなどばかりに着目して，ねじを締結する位置を決めることを後回しにしていると，ねじの締結は最後に残されたスペースでということになり，締結工具が届きにくい場所になることがあります。ねじの位置は早めに決めておきましょう。

④ ねじの長さの検討

また，ねじが長すぎると他の部品と干渉することがあるため，ナットで締結した余分は長すぎないようにしましょう。後から長すぎたねじを 1mm でも短くすることは困難です。

(3) 必要なねじの購入方法…できるだけ購入したいねじを確定した後に

① ホームセンターなどの店舗

直接ねじを見て選定できることがメリットです。小さな店舗では種類が限られますが，売れ筋の材質及び寸法の入手はできるはずです。小ねじの場合，通常は 10 本程度がパックで販売されています。

② インターネットの通信販売

種類が豊富であることがメリットです。なお，購入金額が一定額に達しないと送料がかかることが多くあるため，グループで活動している場合などには共同購入などできるとよいでしょう。

第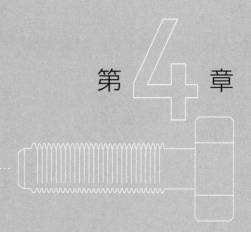章

ねじを作る

4.1　切削加工

　個人のメイカーの方で金属のねじを作るところから始める方は少ないと思いますが，規格品のねじを使用することなく，金属部品におねじやめねじを加工したいというような場合には，簡単な工具でねじ切りをする方法があります。ここで金属を削りながらねじ山を作る方法を切削加工といいます。切削加工では切りくずが発生するため，そこで作られる製品は元の材料よりも小さな大きさになります。

　もう一つのねじの作り方として，金属を押しつぶしてねじの頭部やねじ山を作る塑性加工があります。塑性加工では金属を押しつぶして変形させながら成形するため，切りくずは発生しません。また，切削加工が金属材料内部の繊維状組織であるファイバーフローを切断することがないため，耐摩耗性などの機械的性質が向上するという特長があります。

　なお，規格品として市販されている多くの小ねじやボルトは後者の塑性加工である圧造や転造で製造されています。個人のメイカーで圧造や転造を行う機会は少ないと思いますが，自らが使用するねじがどのように作られているのかを知っておくことは，ねじに関する知識を深めることにも役立つはずです。

　この章では切削加工と塑性加工の両面から，比較的簡単な工具で作ることができるものから本格的な工作機械を使用するものまで，ねじの作り方を説明していきます。まずは切削加工から解説しましょう。

4.1.1 ⊕ ダイスとタップ

① ダイス

　おねじ切り作業を行うことができる円形の工具をダイスといい，これを回転させるためのダイスハンドルを操作して加工を行います。ダイスは丸棒を切削しながらおねじを切るための刃をもつ食いつき部をもつ円盤状の工具です。製作したいねじの呼び径のダイスを選定したらこれをダイスハンドルに取り付けます。ねじの呼び径がM8，ねじのピッチが1.25mmのダイスを図4.1に示します。また，ダイスをダイスハンドルに取り付けたものを図4.2に示します。

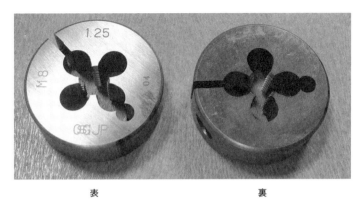

表 　　　　　　　　　　　　　　裏

図 4.1 　ダイス

図 4.2 　ダイスハンドル

【おねじ切り作業】

(1) おねじを切りたい金属の丸棒を用意して，加工したいねじの位置にけがき針等で印をつけ，万力などの固定具を用いて作業台に固定します。

(2) 金属の丸棒の直径に応じた寸法のダイスを用意して，ダイスにあるねじをドライバー等で回転させてダイスハンドルに固定します。

(3) 金属の丸棒にダイスをあてる前に，鉄工やすりを用いて金属棒の端面を軽く斜めに削る面取りをして，ダイスが上手く食いつくようにします。

(4) ダイスには食いつき部が 2 ～ 2.5 山ある表面と 1 ～ 1.5 山ある裏面があります。一般的に表面には M10 などの刻印がされているため，食いつき部及び刻印からダイスが金属棒に食いつきやすい形状の表面が先に丸棒に対して垂直に接触するようにして使用します。

（5）ダイスを丸棒に接触させたら，ダイスハンドルを下向きに押し付けながら回転させます。このときダイスがきちんと垂直に食い込むかが重要です。

（6）ダイス回しを一回転させて金属棒に食い込んだら，下向きに押し付ける力は不要となるため，回転力のみを加えていきます。

（7）ダイスを同じ方向に回転させ続けると切りくずが詰まってくるため，ダイスハンドルを半回転させて約 4 分の 1 回転戻しながら加工を進めていきます。

（8）切りくずを巻き込みながら次の加工をすると，おねじがつぶれたりすることもあるため，作業の途中で出る切りくずをブラシで取り除いたり，切削油を与えるなどします。

（9）丸棒に印をつけた位置までおねじが切れたら，ダイスハンドルをゆっくりと逆回転させながら外します。

　ダイスによるおねじ切り作業の様子を図4.3に示します。ダイスは一種類で一つの寸法（呼び径及びピッチ）の加工しかできないため，いくつかの寸法のものがあるとよいでしょう。ダイスハンドルの外径は寸法ごとにその都度異なるほどではないので，いくらかの寸法では共通して使用できます。なお，どんな工具でもそうですが，セットであまりにも安価なものは，材質及び寸法精度，工具の切れ味などの面で不安なことが多いので注意しましょう。

図 4.3　ダイス作業

② タップ

　めねじ切り作業を行うことができる棒状の工具をタップといい，これを回転させるためのタップハンドルを操作して加工を行います。タップはドリルなどで穴あけをした円筒形の内側にめねじを刻むための刃をもつ食いつき部をもつ工具であり，通常は先端の食いつき部の山数が7〜10山の先タップ，3〜5山の中タップ，1〜3山の上げタップの3本1組です。図4.4に3種類のタップを示します。それぞれのタップを見分けるときには，先端の食いつき部をよく観察してみましょう。タップをタップハンドルに取り付けたものを図4.5に示します。

　めねじ切り作業では，先タップ→中タップ→上げタップの順番で使用することで，めねじの加工ができます。

左から先タップ，中タップ，上げタップ

図 4.4　タップ

図 4.5　タップハンドル

【めねじ切り作業】

　タップによるめねじ切り作業では，金属の平面にいきなりめねじを切ることはできません。めねじ切りを始める前にドリルなどで工作物に円筒形の下穴をあけておく必要があるのです。このとき，ねじの各部寸法に関する知識がないと，どのくらいの大きさの下穴をあければよいのかがわかりません。

　例えば，M6のめねじを切りたいときに直径6mmの下穴をあけてしまうと，タップがこの穴を貫通してしまい，めねじ切りができません。下穴の直径の目安として，作りたいめねじの呼び径の75 〜 80％とします。そのため，M6のめねじを切りたいときの下穴は直径5mmとなります。

　次に下穴をあけた後のタップによるめねじ加工の手順をまとめます。

(1) めねじを加工したい工作物を用意して，万力などの固定具に固定します。

(2) 工作物の直径に応じた1組のタップを用意して，タップハンドルに食いつき部の山数が多い先タップを固定します。

(3) タップを下穴に差し込んだら，タップ回しを下向きに押し付けながら回転させます。このときタップがきちんと垂直に食い込むかが重要です。

(4) タップハンドルを一回転ほど回して円筒部に食い込んだら，下向きに押し付ける力は不要となるため，回転力のみを加えていきます（このあたりの力加減はダイス作業と似ています）。

(5) タップを同じ方向に回転させ続けると切りくずが詰まったりして，回しにくくなってきます。そのため，タップハンドルを2回転ほど回したら，半回転ほど戻しながら加工を進めていきます。ここで無理な力を加えるとタップが工作物に食い込んだまま折れることがあるので注意が必要です。ギコギコと嫌な音がする前に切削油を与えるなどしましょう。

(6) 切りくずを巻き込んで次の加工をすると，めねじが潰れることもあるため，途中で出る切りくずはブラシや圧縮空気などで取り除く必要があります。

(7) 先タップで切りくずが出なくなったら，中タップ，上げタップの順番で同様の作業を繰り返すことで，めねじが完成します。

　タップによるめねじ切り作業の様子を図4.6に示します。タップは3本1組で一

つの寸法（呼び径及びピッチ）の加工しかできないため，いくつかの寸法のものが
あるとよいでしょう。タップハンドルは寸法ごとにその都度異なるほどではないの
で，いくらかの寸法では共通して使用できます。

図 4.6　タップ作業

　ダイス作業で製作したおねじとタップ作業で製作しためねじをそれぞれ図4.7及
び図4.8に示します。

図 4.7　ダイス作業で完成したおねじ

図 4.8　タップ作業で完成しためねじ

　私たちがホームセンター等で購入できるねじはJISやISO等で頭部形状からねじ
山までの寸法が規定されているいわゆる規格品のねじです。これに対して，ねじは
ダイスやタップなどの工具で作り出すこともできます。もちろんねじ山は規格に適
合していないとおねじとめねじがかみ合いませんが，自らが設計した部品の一部に
ねじを含むというものも多数存在しています。

4.1.2 ⊕ 切削機械

① 旋盤

旋盤は円筒形の工作物を主軸に取り付けて回転させて，これにバイトとよばれる切削工具を接触させて切削加工を行う代表的な工作機械です。主として端面削りや外周削り，溝削りなどを行いますが，おねじ切りやめねじ切りなどの加工もできます。旋盤にはさまざまなレバーがあり，汎用旋盤（図4.9）ではこれらの多くの人間の手操作で行います。また，旋盤作業の様子を図4.10に示します。

図 4.9　汎用旋盤

図 4.10　旋盤作業

　旋盤では使用する刃物であるバイトの種類に応じて，さまざまな形の加工ができます。旋盤で使用する代表的なバイトを図4.11に示します。(a) の付け刃バイトはバイトの本体と刃物が一体となったものであり，左から，剣バイト，片刃バイト，おねじ切りバイト，めねじ切りバイトといいます。一方，(b) のスローアウェイチップとよばれる刃物をバイトに取り付けて使用するものであり，町工場などではこちらが主流です。いずれも，棒状の金属を適切な回転速度で回転させ，適切な切込み量と送り速度でバイトを移動させながら加工を進めていきます。それぞれのバイトに対応した旋盤加工のいろいろを図4.12に示します。

(a) 付け刃バイト

(b) スローアウェイチップ

図 4.11　バイトのいろいろ

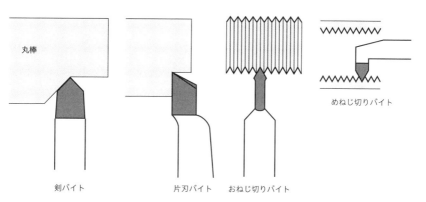

図 4.12　旋盤加工のいろいろ

　旋盤によるねじ切り作業（図4.13）は，まず元の丸棒の直径に応じて，加工したいねじの外径まで外周削りや端面削りなどを行って形状を整えた後，ねじ切りバイトを使用しておねじやめねじ切りを進めていきます。このときねじ山は一度の切込みで行うのではなく，例えば1mmの切込みを20回繰り返すなどして，少しずつねじ山を加工します。もちろん常に同じ場所に切込みを入れないとねじ山はできないので，位置決めにはねじ切りのレバー等を上手く設定して加工を進めます。バイトを横方向に一定速度で移動させる自動送り装置はあるものの，縦方向の切込みや開始・停止の操作は人間が行うため，作業には集中して取り組む必要があります。

　工業高校などでは必ず旋盤実習があり，おねじ切りまでができれば旋盤の基本操作ができるとみなされます。めねじ切りは円筒の内部にねじを切るため，加工部を見ることができず，手元の目盛りを見ながら切込みレバーを動かす必要があるため，中級以上の技能になります。

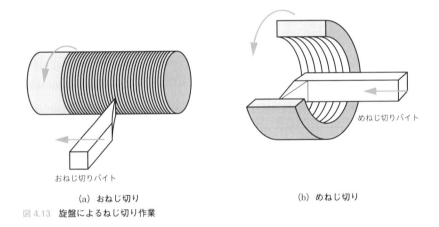

おねじ切りバイト

めねじ切りバイト

(a) おねじ切り　　　　　　　　　　　　(b) めねじ切り

図4.13　**旋盤によるねじ切り作業**

　実際の工場では汎用旋盤は作業効率が悪いため，大量生産の場面では後述する数値制御のNC工作機械が多用されています。汎用旋盤は試作品をはじめとする少量生産に向いていると言えます。

　熟練した旋盤技能者ならば，NC工作機械のプログラミングをするより早く，図面を見ただけですぐに加工に入ることができるため，どちらを選択するかは作業効率を考えての判断になるでしょう。

おねじ切り加工の作業風景を図4.14 (a)，完成したおねじを六角ナットにはめ合わせたものを図4.14 (b) に示します。

（a）作業風景 　　　　　（b）完成品

図4.14　おねじ切り加工

実際の工場でのめねじ加工の作業風景を図4.15 (a) に示します。ここでは汎用旋盤を使用して，下穴が開いている円筒形の部品の内側にめねじ切りをしています。完成品は図4.15 (b) のような形状です。

（a）作業風景 　　　　　（b）完成品

図4.15　工場でのめねじ加工

② NC旋盤

NC旋盤は，旋盤に数値制御（Numerical Control）の機能をもたせて刃物台の移動距離や送り速度等をプログラムで表して，自動的に加工を進めることができる工作機械です。ねじ切り作業に関しても汎用旋盤では難しかった大量生産が可能になるため，幅広く活用されています。

プログラム作成の基本は，工具の設定，主軸の回転速度の設定，運転開始，各種バイトの移動，運転終了などです。加工手順の記述には，Gコードと呼ばれる一種のプログラム言語を用いるのが主流となっています。また，Gコードは3Dプリンタのプログラムにも使用されています。

NC旋盤の座標系は上下に動く方向をX軸，左右に動く方向をZ軸などとします（図4.16）。なお，NC旋盤を使用しても大きな切込み量で加工を一度に進めることはできないため，複数回の加工でねじを成形します。NC旋盤では，一度プログラムを作成すれば，人手を介することなく加工を進めることができるため，大量生産が容易になります。NC旋盤で製作した部品を図4.17に示します。このような部品は規格品ではなく，ねじ部をもつ機械部品の一つと位置付けられます。

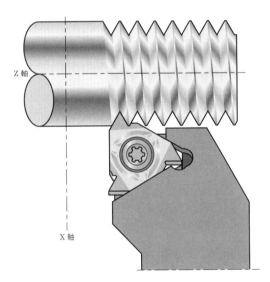

図 4.16　NC旋盤の座標例

図 4.17　NC旋盤で製作した部品

③ ねじ切り盤

汎用旋盤によるねじ切りは，旋盤によってできるいくつかの加工のうちの一つでした。一方でねじ切りに特化した工作機械があり，これをねじ切り盤といいます。ねじ切り盤の構造は旋盤と似ており，工作物をつかむ部分にチェーザとよばれるねじ切り専用の工具を使用しておねじ切りを行います（図4.18）。チェーザは工作物を囲むように図4.19のように配置され，通常は四枚を一組として使用します。汎用旋盤が一本のバイトで加工していたのに対して，ねじ切り盤は複数のチェーザが同時にねじ切りを行うため効率がよく，粗削りから仕上げまでの工程を連続的に進めることができます。図4.20が完成品です。

図 4.18　ねじ切り盤の作業風景

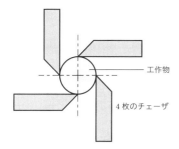

図 4.19　チェーザの配置

図 4.20　完成品

④ ねじ立て盤

　ボルトとナットはおねじとめねじの違いがあるため，これを製造する工作機械は大きく異なります。そのため，ボルトとナットのどちらも製造している工場はあまり見かけません。ナットの作り方は先にタップを紹介しましたが，これは人間が工具を握って作業するというものでした。

　タップ作業によるめねじ加工は，穴あけ作業を行うボール盤にタップによるめねじ切り機能をもたせたタッピングボール盤（図4.21）で行うことができます。通常のボール盤では回転軸は一方向にしか回転しませんが，タッピングボール盤は一定の位置までハンドルを下げると回転軸が逆回転をします。この機能により，めねじを切ったタップがきちんと抜けるのです。

　また，JISではその他の工作機械に分類される工作機械としてねじ立て盤（図4.22）が規定されています。ここには「ねじ立て盤はタップという工具を用いて工作物にあけた下穴にめねじを切る工作機械で，タッピングマシンと言われる場合もあります」と記述されています。こちらもボール盤に似た形状をしていますが，ねじ立てに特化して高精度のタップ加工ができます。

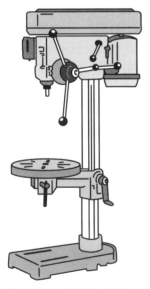

図4.21　タッピングボール盤

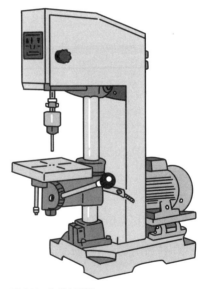

図4.22　ねじ立て盤

　ねじ立て盤で使用されるタップはハンドタップより大きな力を加えられるため，その太さや形状にも違いがみられます。スパイラルタップ（図4.23）は，ねじ切りによって発生した切り粉がこの溝に沿って上がってくるものであり，止まり穴での使用に適しています。

　一方，食いつき部の溝が斜めになっているため，切り粉を下に落とすポイントタップは通り穴での使用に適しています。しかし，これらの工作機械はボール盤による穴あけと同じく，いずれも手動でハンドルを動かす必要があるため，大量生産には不向きです。

図 4.23　スパイラルタップ

　ナットを大量生産するためにはどのような工作機械が使用されているでしょうか。

　自動ねじ立て盤の例を図4.24に示します。まだめねじがない六角形の部品が順番にタップへ送られると，タップが下に移動して正転・逆転をしながらめねじ切りを行います。めねじが完成すると図の左から空気圧シリンダが往復してナットが押し出されるとともにやや傾斜して並べられている次のナットが滑り落ちて，次のめねじ切りが行われます。

図 4.24　自動ねじ立て盤

　次にベンドタップを使用した自動ねじ立て盤による，六角ナットの作り方を紹介します。六角棒を六角ナットの幅にスライスして，中心にボール盤などで下穴をあけたブランクとよばれる部品をこの自動ねじ立て盤に送ります。

　ここでポイントとなるのがベントタップ（図4.25）とよばれる先端部が90度に曲がった工具です。このタップは直線部に先タップ，中タップ，上げタップの刃部があり，直線部に送られたブランクはタップの回転とともに曲がった部分へ送られ，遠心力のはたらきによって，めねじが成形された六角ナットが飛び出してきます。

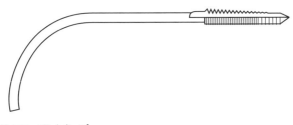

図 4.25　ベントタップ

ベントタップをもつ自動ねじ立て盤の動作を図4.26に示します。

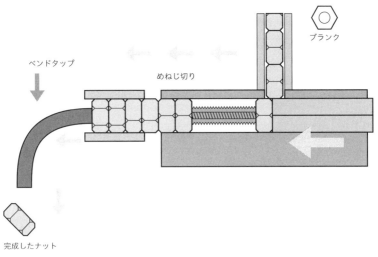

図 4.26　自動ねじ立て盤

4.2 塑性加工

　小ねじの成形には切削加工よりも塑性加工，すなわち金属を変形させるだけで切りくずを出さない加工が多く用いられています。一般の方に小ねじを見せて，その作り方を尋ねると，多くの方はねじの頭部とねじ部を別々に切削加工で作って接着する，もしくは溶かした金属を型に流し込んで製作すると答えます。私たちの身の回りにもたくさんあるねじの作り方をほとんどの方が知らないのは残念なことです。メイカーの皆さんにはぜひ日々のMake活動でも使用されることの多いねじの作り方について，理解を深めていただきたいと思います。

　塑性加工によるねじ製造のヒントとして，小ねじは数十mの長さでコイル状に巻かれた線材から加工を開始します。この線材を用いて切りくずを出さない塑性加工によって線材からねじの頭部とねじ部を一体物として製造するためには，どのような加工が必要となるでしょうか。小ねじを作る前の線材を図4.27に示します。線材の直径が2〜4mmのものは100kg程度が一束になっており，人間が頑張ってやっと運べるくらいです。また，より太いボルトの線材はより重くなるため，フォークリフトなどで移動させてねじを作る工作機械にセットします。

図 4.27　小ねじを作る前の線材

　この線材を塑性加工により変形させるためにはまず叩いて潰すことを考えます。どんな形状のもので叩けば小ねじやボルトねじが成形できるでしょうか？　次のヒントとして，まず始めに，ねじの頭部形状及び頭部のくぼみなどを成形して，その後にねじ山を成形していきます。その間，部品は切り落としたりせず，一体化されたままです。

　塑性加工による小ねじやボルトの製造には，ねじの頭部形状及び頭部のくぼみなどを成形する圧造，ねじ山を成形する転造の二つに大別されるため，次にそれぞれについて説明していきます。

4.2.1 ⊕ 圧造

　金属に力を加えて塑性変形させて，目的の形状に成形するものを広く圧造または鍛造といいます。ねじの頭部形状の圧造では，ダイスとよばれる凹型の金型に金属の工作物を詰めるとともに，パンチとよばれる凸型の金型を勢いよく押し付けて，金属を変形させます。

　その方法には常温で加工を行う冷間圧造と高温に加熱してから加工を行う熱間加工があり，一般的に圧造という場合には冷間圧造を指します。冷間圧造は常温で行われるため，金型の大きさに応じた精密な加工が可能です。小ねじやボルトの成形ではM10のサイズ程度までは冷間圧造，それ以上大きなサイズになると熱間圧造が多く採用されています。熱間圧造は金属材料を加熱してから変形させるため，冷間圧造よりも大きな成形が可能になりますが，材料表面の荒れや熱膨張による変形などがあるため，多くの場合，表面を仕上げるための二次加工が施されます。

① 冷間圧造

　冷間圧造は常温状態において，叩く，伸ばす，曲げるなどの力を加えるのみで目的の形状を得る加工方法です。この加工はねじとは限らず，さまざまな金属製品の製造に用いられています。ねじの製造工程では，小ねじやボルトにおねじを作る手前まで，またナットにめねじを作る手前までで，冷間圧造が多く行われています。

【小ねじの成形】

　冷間圧造を行う工作機械をヘッダーということから，冷間圧造のことをヘッダー

加工ともいいます。一般的な小ねじの成形では，一度に大きな変形を与えると材料
にひび割れが発生するため，二段階での成形が行われることが多く，これをダブル
ヘッダー加工といいます。冷間圧造機械の外観を図4.28に示します。

図 4.28　冷間圧造機械

　ねじを製造するための線材は，線送りローラーを通して真っすぐに伸ばしてから
冷間圧造機械へ送られます。ダブルヘッダー加工では1個のダイスと2個のパンチ
が高速に動いて小ねじの頭部形状を成形します。これを1ダイス2ブロー（1D2B）
と表すこともあります。ダブルヘッダー加工による小ねじの成形は，最初に第1パ
ンチが動いて線材をつぶして予備成形した後，第2パンチが動いて再度線材をつぶ
して仕上げ成形をします（図4.29）。

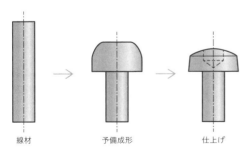

線材　　　　　　予備成形　　　　　仕上げ

図 4.29　小ねじの成形

　ダブルヘッダー加工の成形工程を図4.30に示します。線材を切断して圧造するという工程なので，切りくずは発生しないことがわかります。

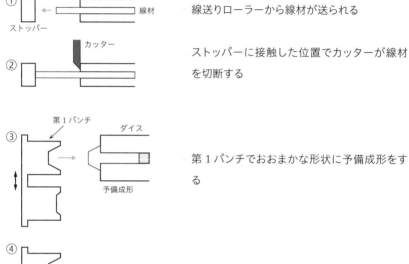

① 　　　　　　　　　　　　　　線材　　　　　　線送りローラーから線材が送られる
ストッパー

②　　カッター　　　　　　　　　　　　　　　　ストッパーに接触した位置でカッターが線材を切断する

③　第1パンチ　　　ダイス　　　　　　　　　　第1パンチでおおまかな形状に予備成形をする
　　　　　　　　　予備成形

④　　第2パンチ　　ダイス　　　　　　　　　　第2パンチで仕上成形をする
　　　　　　　　　仕上成形

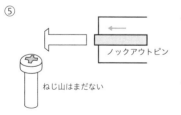

⑤　　　　　　　　　　　　　　　　　　　　　　ねじの頭部が完成した小ねじがノックアウトピンから押し出される
　　　　　　　　　ノックアウトピン

ねじ山はまだない　　　　　　　　　　　　　　　1〜5までの動作がわずか数秒で繰り返されます

図4.30　ダブルヘッダー加工の成形工程

　ねじ工場ではダブルヘッダー加工の1工程がわずか数秒で行われており，これが連続して繰り返されることで同じ大きさのねじ部品が次々と製造されるのです。実際の圧造機械を上から見たときの，ストッパーと第1パンチ，第2パンチ，ダイスの位置関係を図4.31に示します。また，カッターとパンチ，ダイスを取り出したものを図4.32に示します。

図 4.31　ダブルヘッダー加工の様子

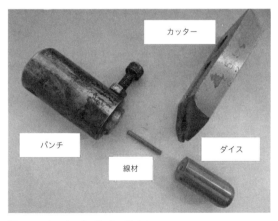

図 4.32　カッターとパンチ，ダイス

　　ダブルヘッダー加工にて製造された小ねじの部品を図 4.33 に示します。この工程で頭部形状は完成しますが，ねじ山はまだなく，これをブランクといいます。

図 4.33　ダブルヘッダー加工後のねじ部品

　　実際に使用する十字穴付きのダイスを図 4.34 に示します。頭部形状は (a) がなべ，(b) が皿です。また，すり割り付きのダイスを図 4.35 に示します。ダイスは加工したいねじの頭部形状や大きさに応じてさまざまなものがあり，必要に応じてその都度，交換して使用します。圧造機械は一度セットすれば，数万～数十万本の小ねじを自動的に製造できるため，ここでの段取りが生産性に大きく影響します。

　　　(a)　なべ　　　　　(b)　皿
図 4.34　十字穴付きのダイス

図 4.35　すり割り付きのダイス

　実際の工場ではこの圧造機械が何台も並んで，大きな音をたてながら稼働しています。そのようなねじ工場の様子を図4.36に示します。

図 4.36　圧造機械が並んだねじ工場

【六角ボルトの成形】

　次に六角形の頭部形状である六角ボルトの成形について紹介します。六角ボルトの外形である六角形についても，図4.37に示すようなヘッダー加工による成形が行われます。ただし，六角ボルトの場合，まったく切りくずを出さないということにはならず，打ち抜いたつばのようなものが発生します。小ねじよりは線材の直径も太いことが多いため，図4.38に示すような，より大きな圧造機械で迫力のある音をたてて打ち抜かれます。

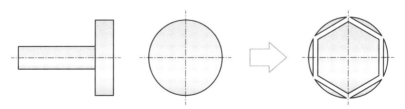

図 4.37　六角ボルトの成形

図 4.38　大型の圧造機械

　図4.38に示した大型の圧造機械で打ち抜かれてできた六角ボルトの頭部を図
4.39に示します。また，このときに打ち抜かれた六角ボルトのつばを図4.40に示
します。冷間圧造でも打ち抜かれた直後の頭部やつばは高温になっています。

図 4.39　六角ボルトの頭部

図 4.40　六角ボルトのつば

【六角穴の成形】

　六角穴付きボルトの六角穴も同じくヘッダー加工で行われることが多くあります。六角穴を加工する六角形が凸になっているダイスを図4.41に示します。

図 4.41　六角穴のパンチ

　一方，ヘッダー加工で必要となる金型は製作するコストがかかるため，少量生産の場合には，円筒部分に下穴をあけてから，六角穴用のパンチで下穴の円を六角形にするという方法があり，これを矢打ち加工といいます。矢打ち加工用のパンチを図4.42，矢打ち加工のイメージを図4.43に示します。

　矢打ち加工は後加工であるため製作できる形状に幅があり，ねじと六角穴の同芯が得られやすいため精度の高い加工ができます。ただし，パンチが圧入されるときに発生する削りくずが六角形の底に残ることや，この削りくずがたまる隙間を配慮した下穴をあける必要などがあります。

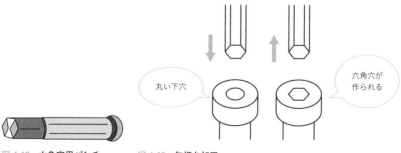

丸い下穴

六角穴が
作られる

図 4.42　六角穴用パンチ　　図 4.43　矢打ち加工

② 熱間圧造

　熱間圧造（または熱間鍛造）は加工したい金属材料を加熱しながら，叩く，伸ばす，曲げるなどの力を加えて目的の形状を得る加工方法です。この加工もねじに限らず，さまざまな金属製品の製造に用いられています。ねじ部の直径が50mmを超えるような場合には，冷間圧造では成形に大きな力が必要になるため，加熱して変形しやすくするのです。具体的には金属を高温加熱したときに内部組織がゆるんでゆがみが少ない新たな内部組織が作られる再結晶温度以上で加工が行われます。金属材料は熱膨張をするため，冷間圧造と比較して，寸法精度や表面のきれいさは劣るものの，大型部品を複雑な形状に加工することができます。寸法精度が出せていないときには2次加工で切削加工などが施されます。

　直径が50mm以上ある六角ボルトの頭部を成形する場合には，元の金属材料を冷間圧造の線材のように束ねることはできないため，円柱形状の棒材を用意します。はじめに頭部形状を製造するため，この部分を図4.44に示すような電気炉で加熱します。この電気炉にはいくつかの丸い穴があり，ここに加工したい棒材を入れて，熱間圧造をしたい棒材の頭部を中心に加熱します。

図 4.44　電気炉

　電気炉内で鋼材が再結晶温度以上に加熱していき，橙色に変色したところで，人間が工具で頭部が橙色になった棒材をつかんで，熱間圧造を行う鍛造プレス機械にセットします。縦にセットされた棒材に上部から六角穴のパンチが勢いよく落下して大きな力が加えられ，これによって頭部が六角形に変形していく熱間圧造の様子図4.45に示します。また，熱間圧造で製造された太めの六角ボルトを図4.46に示します。成形後もしばらく，頭部は橙色をしています。

図 4.45　**熱間圧造の様子**

図 4.46　**熱間圧造で作られたボルト**

4.2.2 ⊕ 転造

　圧造では小ねじやボルトの頭部形状は完成したものの，肝心のねじ山がまだでき
ていません。ねじ山を成形するためには，ねじ山が刻んである工具である転造ダイ
スの間に材料をはさんで転がします。これを転造といい，小ねじから太いボルトま
で幅広く用いられています。転造も塑性加工の一種であり，広い意味では圧造の一
種であるため，切りくずを出さないことや加工時間が短いため大量生産に適するな
どの特長があります。また，製品の精度及び仕上げ面にも優れています。さらに，
切削加工のように金属の繊維であるファイバーフローを切断しないため，転造の方
が強度面で優れたねじが成形できます。切削加工と転造におけるファイバーフロー
の違いを図4.47に示します。

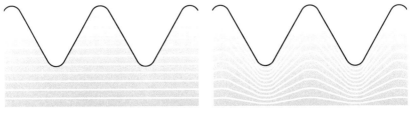

切削加工　　　　　　　　　　　　　　　　　　転造

図 4.47　ファイバーフローの違い

　転造ダイスの材質には，冷間金型用の合金工具鋼のうち，常温での耐摩耗性に
特に優れるSKD11などが使用されています。SKD11の化学成分は，炭素Cが1.40
～ 1.60％，ケイ素Siが0.40％以下，マンガンMnが0.60％以下，クロムCrが11.0
～ 13.0％，モリブデンMoが0.80 ～ 1.20％等です。

　なお，切削加工が元の金属材料の太さよりも小さな直径のねじを成形するのに対
して，転造では金属の線材を転がすことで膨らませるため，元の直径よりも大きな
直径のねじを成形します。そのため，例えばM3の小ねじを作りたいときには，例
えば元の線材の直径は2.6mmなどを使用します。

① 転造ダイスの種類

転造で重要となるのは，円筒部分にねじ山を作るための転造ダイスであり，これを各種の転造盤とよばれる工作機械に取り付けて使用します。なお，転造ダイスには平ダイス，丸ダイス，セグメントダイスなどの種類があり，使用する転造盤に応じて使い分けます。

【平ダイス】

平ダイスは小ねじの転造に多く使用されている平らなダイスです。平ダイスは1枚が固定されており，もう1枚が可動することで，その間に工作物が転がります。その外観を図4.48，JISで規定されている平ダイスの各部名称及び寸法を図4.49に示します。

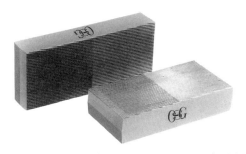

図 4.48　ねじ転造平ダイス（画像提供：オーエスジー株式会社）

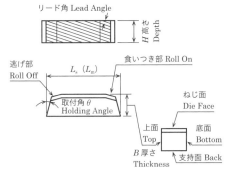

図 4.49　平ダイスの各部名称及び寸法（出典：JIS B 0176-4 より抜粋）

平ダイスによる転造のイメージと実際の様子を図 4.50 に示します。平ダイスには
ねじのピッチが刻まれてるため，2 枚の平ダイスの幅を変えることで，同じピッチ
でもいくつかの直径のねじを製造できます。平ダイスは構造が平面であるため，他
のダイスより安価であり，工具寿命も長いという特長があり，1 分間に数十本の生
産能力があります。平ダイスによる転造の様子を図 4.51 に示します。

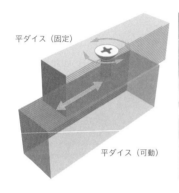

平ダイス（固定）

平ダイス（可動）

加工の様子（画像提供：オーエスジー株式会社）

図 4.50　平ダイスによる転造

　なお，タッピンねじは軸部の形状が円筒形でなく，円錐形であるため，平ダイス
にもいくらかの傾斜があります。また，円錐形に転がす工程でいくらかのくずが発
生します。タッピンねじ転造平ダイスを図 4.51 に示します。

図 4.51　タッピンねじ転造平ダイス（画像提供：オーエスジー株式会社）

【丸ダイス】

丸ダイスはドーナツ状の形状をしたダイスです。小ねじから太めのボルトまで幅広く使用されています。平ダイスよりも高価になりますが，ダイス間の距離を自由に変更できるため，幅広い加工に対応できます。なお，1分間に数十本の生産能力があります。ねじ転造丸ダイスの外観を図4.52，実際の転造の様子を図4.53に示します。このとき，2枚の丸ダイスは同じ方向に回転します。また，丸ダイスの各部名称を図4.54に示します。M3 ～ M6のメートルねじを転造する場合，丸ダイスの最大外径は60mmです。

図 4.52　ねじ転造丸ダイス
（画像提供：オーエスジー株式会社）

図 4.53　転造の様子
（画像提供：オーエスジー株式会社）

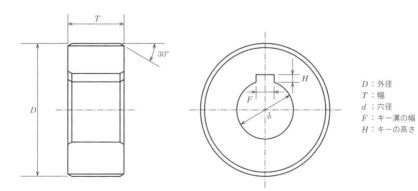

D：外径
T：幅
d：穴径
F：キー溝の幅
H：キーの高さ

図 4.54　ねじ転造丸ダイスの各部名称

【セグメントダイス】

　セグメントダイスは扇形をしたダイスであり，固定されたセグメントダイスの内側で丸ダイスが回転する遊星歯車のような動きをするロータリー式（またはプラネタリ式）の転造に使用されています。セグメントダイスと丸ダイスを組み合わせたものを図4.55に示します。平ダイスよりも形状が複雑になるため，高価になりますが，1分間に千数百本の生産能力があります。セグメントダイスによる転造の様子を図4.56に示します。

図 4.55　ロータリー式転造
（画像提供：オーエスジー株式会社）

図 4.56　転造の様子
（画像提供：オーエスジー株式会社）

　ねじ部品はセグメントダイスの端から挿入されて，丸ダイスとの間を転がりながらねじ山を製造して，他端から排出されます（図4.57）。

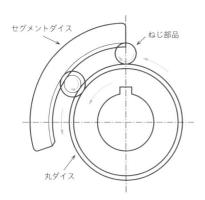

セグメントダイス

ねじ部品

丸ダイス

図 4.57　ロータリー式による転造

　なお圧造機械で成形されたねじ部品を転造盤へ移動する前には，遠心洗浄機によって灯油と一緒に回転させて洗浄する工程（図4.58），遠心分離機によって洗浄後に灯油を取り除く工程（図4.59）があります。これらの工程できれいに洗浄されたものが転造盤へ送られます。

図4.58　遠心洗浄機

図4.59　遠心分離機

② 転造盤

【平ダイス式転造盤】

　平ダイスにより転造を行う工作機械を平ダイス式転造盤といい，その外観を図4.60に示します。

図4.60　平ダイス式転造盤

　2 枚の平ダイスは中央部分にあります。1 枚のダイスは固定されており，もう 1 枚のダイスが往復運動をすることで，両者の間をねじ部品が転がりながら，ねじ山を成形していきます。平ダイスが転造を行う部分を拡大したものを図 4.61 に示します。転造盤はいくらか傾斜しているため，ねじ山が転造されたねじ部品はそのまま下に落下して，容器内に集積されます。

図 4.61　平ダイス式転造盤の平ダイス

　なお，平ダイスの間にねじ部品がきちんと送られるためには，小刻みな振動を与えながら，遠心力で少しずつ容器の外側に運ぶパーツフィーダーが活躍しています。図 4.62 (a) にその外観，(b) の上部に一列に並んだ様子を示します。

(a) 外観

(b) 拡大

図 4.62　パーツフィーダー

　実際の工場ではこの転造盤が何台も並んで稼働しています。圧造機械のように金属を大きな力で叩くのとは異なり転がす加工であるため，転造盤はそれほど大きな音を発生しません。平ダイス式転造盤が並んだねじ工場の様子を図4.63に示します。多くの工場では，このように圧造機械と転造盤を複数台並べて，さまざまな種類の小ねじやボルトを大量生産しています。

図 4.63　平ダイス式転造盤が並んだねじ工場

【丸ダイス式転造盤】

　丸ダイスにより転造を行う工作機械を丸ダイス式転造盤といい，その外観を図4.64，転造作業の様子を図4.65に示します。

図 4.64　丸ダイス転造盤

図 4.65　転造作業の様子

　製造できるねじの大きさは転造盤の大きさにもよりさまざまですが，この転造盤は建築用のアンカーボルト等を製造するかなり大型のものです。この転造作業では，2枚の丸ダイスの中央にねじ部品を置いているのは人間であり，成形の状況を確認しながら作業を進めています。丸ダイスによる転造における2枚の丸ダイス及びねじ部品の位置関係と回転方向を図4.66に示します。

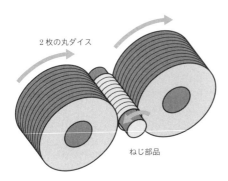

図4.66　丸ダイスによる転造

　次に太い棒材の両側にねじ部がある両ねじ転造の様子を図4.67に示します。こちらの加工でも，丸ダイスをしばらく押し当てることで，少しずつ材料を盛り上げ，ねじ山を成形していきます。

図4.67　両ねじ転造の様子

この大型の丸ダイス式転造盤で製造された大型の転造ねじを図4.68に示します。

図 4.68　大型の転造ねじ

　なお，丸ダイス式転造盤でねじ山を加工するような太いねじの材料は，小ねじの線材のようにロール状にすることができないため，棒材として工場に運び，図4.69に示すような長尺切断機で必要な長さにカットされた後，各工程で少しずつねじの形状に成形されます。

図 4.69　長尺切断機

4.3　3D プリンタ

　近年，3D プリンタやレーザー加工機などのデジタルファブリケーション工作機械が広く普及しつつあり，メイカーの皆さんも個人で所有したり，ファブラボやメイカースペースなどで使用したりして，活用できる環境にある方も多いのではと思います。そこで3D プリンタでプラスチック製のねじを作るということも行われています。もちろん，ここまでで紹介してきた金属製のねじやエンジニアリングプラスチックのねじと比較すれば，精度も締結力も不足していることは否めません。しかし，実際に3D CADを使用して自らでねじをモデリングして，3D プリンタで出力してみるという作業を通じて，ねじの各部の名称や形状などに関する理解が深まりますし，実際に締結に使用しなくても，アクセサリーとして飾っておくことなどもできます。また，きちんとかみ合うボルトとナットを出力できるかを見ることで，その3D プリンタの精度を確認するという活用法もあります。もしかしたら，現在開発が進められている金属製のプリンタが安価に普及するようになれば，メイカーの皆さんが設計した金属製品というものが身近になるかもしれません。

4.3.1 ⊕ 3D プリンタの種類

① 熱溶解積層方式

　ここ数年で急速に普及した3D プリンタは，PLAやABSなどのプラスチック材料を200℃程度まで加熱して，一層ずつ積層するものです。これを熱溶解積層方式，英語ではFDM法（Fused Deposition Modeling）といいます。一般のメイカーの皆さんが多く利用している3D プリンタはこの原理によるものが多いでしょう。ひと昔前は数十万円したこの機種も現在は10万円以下，なかには5万円以下の機種もあります。購入する際には造形空間の大きさが大事なポイントになり，例えばカタログ等に150mm × 150mm × 150mmなどの数値が記入してあるので，これを目安にするとよいです。ねじ1本でしたらこのくらいの造形空間があれば十分だと思いますが，もっと大きなものも出力したいという場合には，300mm × 300mm × 300mmくらいの機種もあります。

　なお，材料のプラスチック材料は，直径が1.75mmのロール状で600gや1kg程度でのフィラメントとして販売されています。フィラメントの色は基本的には1本

1色で，色を変更したいときにはフィラメントを交換することになります。フィラメントを2種類セットして2つのノズルから交互に出力できるデュアルノズルは以前からありましたが，最近は透明のプラスチックを溶かして，ノズルから出力される直前に各色のインクを噴射してフルカラーを実現する機種なども登場しています。また，プラスチック材料についても，木材粉末を混ぜたウッドライクのもの，金属粉末を混ぜたメタルライクのもの，また人体に装着するものなど出力する場合などに役立つ柔軟性のあるフィラメントなどがあります。

　熱溶解積層方式の3Dプリンタの例を図4.70，その原理を図4.71に示します。この筐体の内部にプラスチックを溶かすヒータ，それを押し出すエクストルーダ，そして溶けたプラスチック材料を排出するノズルなどの部品があります。一般的なノズルの直径は0.4mm程度です。また，何mm間隔で積層するかなどは，ソフトウェアの方で設定することになります。

　3Dプリンタからの出力では一層目がきちんと積層できるかがとても重要です。そのため，一層目を開始するノズルの位置とベッドの位置関係は特に注意しておく必要があります。また，ABSのフィラメントを使用する場合にはPLAより材料が反りやすいため，ベッドにヒータを入れたヒートベッドを90℃程度に加熱して使用することが多いです。

図 4.70　熱溶解積層方式
（画像提供：XYZ プリンティングジャパン株式会社）

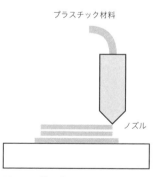

図 4.71　積層造形の原理

　造形物を出力する場合には，どちらの方向から出力するのかを常に検討しておく必要があります。常に下から積み重ねていくのが積層造形の特徴であることを頭にいれて，積層する向きを決定しましょう。どうしても重力に逆らってしまう部分がある形状の場合には，サポートという機能を利用して，造形物をサポートで支えて，積層が完了した後にはがす方法があります。また，一層目の接触面積が少なく，積層中にぐらぐらして動きそうな場合にはラフトという機能を利用して，一層目にいかだのようなベースを設ける方法もあります。このいかだも出力が終了後にはがすことができます。

　メイカーでもある著者がロボット部品を3Dプリンタから出力して完成させて，組み立てるまでの様子を図4.72 〜 74に示します。

図 4.72　3D プリンタからの出力

図 4.73　出力したロボット部品

図 4.74　完成したロボット

② 光造形方式

　光造形方式の3Dプリンタは，紫外線を照射すると硬化する光硬化性樹脂を用いた造形方式です。容器に液体である光硬化性樹脂を満たして，硬化させたい部分に紫外線レーザーを照射させて1層を造り，造形ステージを少しずつ移動させながら積層を行います。熱溶解積層方式が下から積層するのに対して，光造形方式では逆さ吊りのような形で，造形物が出力されるところが大きく異なります。光造形方式の3Dプリンタの外観を図4.75，完成してプレートにはりついた造形物を図4.76，イソプロピルアルコールで洗浄後の造形物を図4.77に示します。

図 4.75　光造形方式の 3D プリンタ

図 4.76　完成直後の造形物

図 4.77　洗浄後の造形物

　洗浄後に取り出したボルトとナットを図4.78に示します。ここでサポートが付いているのがわかると思いますが，光造形方式では土台に対して水平に積層するよりも，わざと傾斜を付けて，サポートありで積層していくのが一般的です。これは逆さ吊りをするプレートに広い平面で接触すると，製作物が貼り付いて取れなくなることがあるためです。そのため，光造形方式では必ずサポートを付けるものと覚えておいてください。サポートは細い線状で製作物を支えていますが，ペンチなどでサポートを剥がすときに，小さな跡が残ることがあるので丁寧にはがしましょう。完成したボルトとナットを実際にはめ合わせたものを図4.79に示します。

図 4.78　完成したボルトとナット

図 4.79　ボルトとナット

　光造形方式の3Dプリンタは昔から工業的な利用は行われていましたが，熱溶解積層方式の次として，ここ1〜2年でメイカー向けの機種が登場してきました。まだ数十万円する機種が主流ですが数万円の機種も登場しつつあります。

　熱溶解積層方式とは原理がまったく異なり，化学薬品などの扱いもあるため，取り扱いはやや難しくなりますが，完成品の精度や表面の滑らかさなどには特に優れています。また，出力時間は熱溶解積層方式よりは長時間になるものの，出力の確実性もあります。色に関しては，透明系が多いですが，ここに着色すれば原理的にはさまざまな色を作り出すことができるので，今後取り扱いが簡単で安価な機種が登場して，さらに積層造形の時間が短縮されれば，メイカー界隈にもますます普及すると思われます。

4.3.2 ⊕ 3Dプリンタでねじを作る

① 3Dプリンタのデータ形式

　3Dプリンタから造形物を出力するための3Dデータの種類は，STL形式が主流です。3D CADや3Dスキャナで製作した3DデータをSTL形式で保存すると，その造形物の外観が小さな三角形を組み合わせた図形として認識されます。ただし，3Dプリンタ側ではこのSTL形式のデータをそのままでは活用できません。3Dプリンタで積層するためには，この形式に基づいて，ノズルから材料を出力する空間座標を決める必要があります。この形式をGコードといい，これは工作機械などで古くから使用されている形式です。STLファイルをGコードに変換するソフトウェアをスライサーソフトといい，3Dプリンタを購入するとそのメーカーが推奨するもの，またフリーソフトとして無料で入手できるものや有料で購入できるものなど，さまざまな種類があります。簡単に言うと，ノズルが材料を出力する壮大な一筆書きをする道筋を決めるのです。この道筋の決め方はソフトウェアの種類によって異なるとともに，内部の充填率やハニカム構造の形状，また表面の層の厚みなど，個人で設定できるコマンドもあります。3Dプリンタで活用する3Dデータの流れを図4.80に示します。

　どんなに高性能の3Dプリンタでも上手くスライスされた3Dデータでなければ，最適な出力が得られないため，この作業はとても重要です。ただし，いきなり高度な設定を覚えるのは難しいため，初心者向けには簡単な操作で一般的なスライスが自動的にできるコマンドもあります。

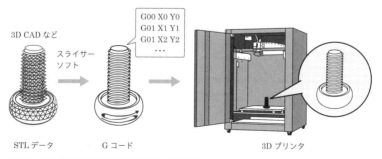

図4.80　3Dプリンタで活用する3Dデータの流れ

② 3D データの作成法

　3D プリンタから造形物を出力するときには，何らかの 3D データが必要になります。そして，その 3D データを準備する方法には，(1) 3D CAD で設計する，(2) 3D スキャナで作成する，(3) インターネット上のサイトからダウンロードする，などがあります。

(1)　3D CAD で設計するのがもっとも自由度が高い方法であるため，その設計例を後述します。メイカーの皆さんは日頃使用されている方も多いかと思います。

(2)　3D スキャナも普及している方法ですが，スキャンする対象物が必要になります。ねじの場合にはねじ山などを正確にスキャンすることが難しいため，ねじを出力する方法としてはあまりお勧めできません。

(3)　インターネット上のサイトからダウンロードする方法は，3D CAD や 3D スキャナを使いこなせない場合でも活用できるため，初心者のメイカーにはもっとも現実的な方法になります。

　ここでは (3) の方法について，詳しく説明します。

　2008 年に発足した 3D プリンタメーカー MakerBot Industries が運営するデジタルデザインファイルの共有サイト Thingiverse は 2018 年に 10 周年を迎え，3 億回を超えるダウンロードを記録したこの分野では著名なサイトです。すべて英語のウェブサイトになりますが，そこにアップロードされているデジタルファイルは無料でダウンロードできるため，おもしろそうなデータがあれば 3D プリンタからすぐに出力ができます。例えば，キーワード検索ができる［Search］とある場所に，Screw，Bolt，Nut などを入力してみると，すでにたくさんのねじ関連のデジタルデータがアップロードされていることがわかります。

　Thingiverse にあるねじのデジタルデータ例を図 4.81 及び図 4.82 に示します。例 1 では M16 のボルトとナット，座金のデータがアップロードされていますが，いくつかの寸法のデジタルデータをまとめてダウンロードできるサイトもあります。例 2 は実際の規格品にはないような形状のねじをしています。この他にも締結には使用しないような，ねじのオブジェや容器のようなデジタルデータも登録されているので，探してみるとおもしろいでしょう。

　なお，ダウンロードしたデータは3Dプリンタのソフトウェアの方で，拡大・縮小，変形などは可能なものが多くありますが，ねじの場合には後から拡大・縮小をするとボルトとナットがかみ合わなくなることがあるため，ダウンロードしたデータをそのまま活用するのが賢明です。

(出典：https://www.thingiverse.com/thing:1112780，CC BY 4.0，Terrence Tarboton)
図 4.81　Thingiverse にあるねじのデジタルデータ例 1

(出典：https://www.thingiverse.com/thing:3179814，CC BY 4.0，akira 3dp0)
図 4.82　Thingiverse にあるねじのデジタルデータ例 2

③ 3D CAD でねじを描く

　ここではメイカーの皆さんにも使用されている方が多いと思われる，Autodesk 社の 3D CAD ソフトである Fusion360 を活用して，六角ボルトのモデリングの手順を説明します。図4.83 ～図4.86が実際の作図画面です。

【手順1】

　直径10mmの円を描いてから，「内接ポリゴン」で6角を指定することで，6角形を描きます。

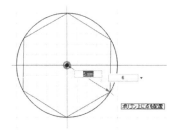

図 4.83　手順1

【手順2】

　厚さ3mmで押し出して，六角柱を作成します。

図 4.84　手順2

【手順3】

　六角柱を上から見て，中央に直径6mmの円を描いて，上方に10mm押し出します。

図 4.85　手順3

【手順4】

　上端に0.2mmの面取りを加えます。

図 4.86　手順4

【手順5】

　最後にねじのコマンドを開いて，ねじ山を作りたい円筒部分に触れます。

　ねじのコマンドにて，ねじのタイプを「ISO メートルねじ」，サイズ（呼び径）を
6.0mm などと指定して，モデル化にチェックを入れて，最後に OK をクリックする
と，きれいなねじ山が描かれます。完成した六角ボルトを図 4.87，ねじのコマンド
を図 4.88 に示します。

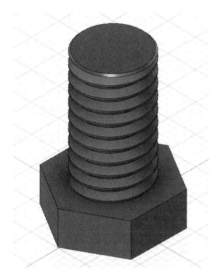

図 4.87　完成した六角ボルト

図 4.88　ねじのコマンド

　この 3D データを STL 形式で保存して，スライサーソフトでスライスを行えば，
3D プリンタからこのボルトを出力できることになります。現状のプラスチック製
のフィラメントはそれほど強度がありませんので，ナットと組み合わせても，金属
製のねじほどの締結力を得ることは難しいです。

　メイカーの皆さんは，日頃のメイカー活動のなかで，ねじ 1 本が不足したために
作業がストップしてしまった経験はないでしょうか？　将来，3D プリンタの技術
が進化して，エンジニアリングプラスチック材料や金属材料での出力が容易になる
ことがあれば，ねじや歯車などの規格品は必要になったときにその都度，3D プリ
ンタから出力する，そんな時代が到来するかもしれません。

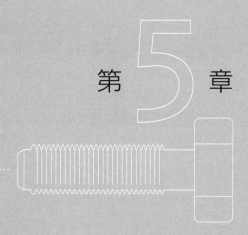

第 5 章

メイカーのための
ねじの未来

5.1　ねじ好きのメイカーたち

　近年，Maker Faireやデザインフェスタなどで，ねじを題材にした作品を展示，発表，販売する方々が増えています。そのなかには，日頃から町工場でねじを製造しているリアルメイカーの方やねじ商社の方などもいます。ここでは，ねじ好きのメイカーの皆さんの作品などを紹介しながら，ねじの奥深さを感じていただこうと思います。

① ねじ工房

　ねじ工房はリアルねじ工場の浅井製作所が運営しており，ねじをワンポイントにした指輪やペンダントなどを製造，販売しています。使用しているねじはもちろん，自社で製造されたものです。ねじは「2つのものをくっつける」のが本来の役目であることから，カップルで購入される方も多いそうです。

　ねじの指輪（図5.1）には十字穴付きとすり割り付きの小ねじが埋め込まれています。ねじのペンダント（図5.2）に埋め込まれている十字穴付き小ねじの材質は，黄銅やステンレス，アルミニウム，チタンなどさまざまあり，オーダーメイドで指定できます。

図 5.1　ねじの指輪

図 5.2　**ねじのペンダント**

　なお，展示会等では「ねじなめんなよ」のTシャツ（図5.3）が目印になっており，この言葉には，ねじ山がつぶれないでほしいという意味と私たちの生活を支えているねじの存在を知ってほしいという思いが込められています。

　また，浅井製作所では，1日に約40万〜50万本のねじが作られている工場（こうば）見学を広く受け入れているので，ねじの製造法に興味のある方はぜひ出向いてみてください。工場の前にある大きな「ねじや」のタペストリー（図5.4）が目印です。

図 5.3　**ねじなめんなよ**　　　　図 5.4　**浅井製作所**

② Shirokanefactory

　Shirokanefactoryはねじ商社の竹澤鋲螺が運営しており、アクセサリーと雑貨を製造，販売しています。当初はスマートフォンのイヤホンジャックなどを製作していましたが，その後に発表したねじかんざし（図5.5）がブレイクして，注目を集めています。ねじかんざしには，十字穴付き小ねじや蝶ナット，六角ボルトなどが取り付けられています。最近はナット付きのフープピアス（図5.6）やねじヘアゴム（図5.7）など，女性向けのアクセサリーも増えています。

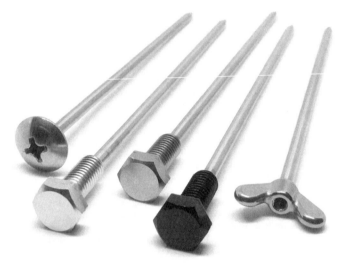

図5.5　ねじかんざし

図5.6　ナット付きのフープピアス

図5.7　ねじヘアゴム

③ 三和鋲螺

三和鋲螺はインチねじや工具を販売するねじ商社です。ここが売り出したキューピーがさまざまなねじを持つアクセサリー（図5.8）はテレビに紹介されたときには店頭に行列ができるほどの人気でした。ポリカーボネート製の赤，青，黄，緑の十字穴付きねじを持つものなど，現在でも10種類以上のねじキューピーが販売されています。最近は社長がデザインしたねじのイラストを描いたねじトートバック（図5.9）が発売されました。

図5.8　ねじキューピー

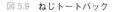
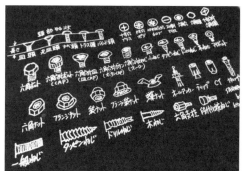

図5.9　ねじトートバック

④ アグモキャンドル

　アグモキャンドルでは，キャンドル作家の小池安雲さんが「キャンドルに火を灯すように、ハートにも火を灯そう」という呼びかけのもと，さまざまなキャンドルを製作されています。その中にねじの形をしたボルトキャンドル（図5.10）があり，ロウを溶かして着色してから型に流し込むとともに，各色に応じたアロマも加えられています。また，色彩心理に基づいたカラーメッセージも添えられています。赤は「行動。」，「やりたいこと、やろう。」でアロマはイランイラン，黄は「知識。」，「好きなこと、学ぼう。」，白は「創造。」，「可能性を、信じよう。」です。このボルトキャンドルは，ボルトとナットがきちんと動いて締結ができます。なお，キャンドルの燃焼時間は約30分です。

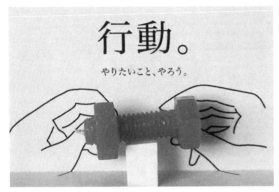

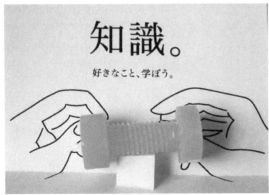

図5.10　ボルトキャンドル（上が赤，下が黄）

⑤ ねじネジ屋

ねじネジ屋は工業製品をもっとポップにもっと身近に，というコンセプトのもとで，工業系のねじお＆工場萌えのネジコさんが工業製品をモチーフにしたさまざまなアクセサリーや雑貨の製作販売を行っています。その中でもカラフポップなねじアイテムが数多く揃っており，デザインフェスタ等への出展やワークショップの開催なども行っています。なお，ねじのペンダントや指輪などのアクセサリー（図5.11）は透明な樹脂ねじにカラフルな塗料を混ぜながら自作されています。ボルトとナットはもちろん，きちんとはめ合います。

図5.11　ねじのアクセサリー

5.2　ねじで学ぶ，ねじを学ぶ

　ねじを組み合わせて学ぶおもちゃや教材もいろいろ登場しています。近年，世界で広まっている，Science（科学），Technology（技術），Engineering（工学），Mathematics（数学）を統合的にとらえて「つくることで学ぶ」ことができるSTEM教育，及びこれにArt（芸術）を加えたSTEAM教育などにもねじを活用することができます。ここでは，ねじに触れて，遊びながら学ぶことができる事例を紹介します。

① ねじブロック

　ねじブロックは，橋本螺子株式会社が開発した，ものづくりに欠かせない「ねじ」を主役にした玩具です。ねじでブロック同士を自由につなぎ合わせ組み立てることで，動物やロボット，乗り物など，さまざまな立体物を作り出すことができます。ねじブロックの主なパーツ及び代表的な作品である犬を図5.12に示します。なお，基本的なブロックが入っているスターターキットの部品数は44個であり，ねじの呼び径はM8に統一されています。

　ねじブロックは子どもたちが玩具として手を動かして作ることを楽しむことはもちろん，リアルなものづくりの世界を実感してもらいたいとの思いから，金属製の本物のねじで作られています。お年寄りが指を動かしながらねじを使用するリハビリなどの作業療法としても活用されています。

図 5.12　ねじブロック

　ねじブロックの作品例を図5.13に示します。取り組み方はさまざまですが，はじめにねじの種類やブロックを締結する方法を学びながら，まずは一つひとつの作業を確認しながら，犬やリスなどの基本形を作ります。なお，ねじブロックの締結には工具は使わず，手指を動かしながら組み立てます。

　基本的なブロックの使い方がわかったところで，「乗り物を作ってみよう」や「ロボットを作ってみよう」などの大まかなテーマを与えて，その範囲の中で自由に製作をしてもらいます。完成したらそれらを並べて，他の仲間が作ったものを鑑賞する，上手くできたものの人気投票をするなど，さまざまな取り組み方でのワークショップが可能です。その際に「ねじってどんなところでつかわれているかな？」や「ねじってどういう原理で締結できるのだろう？」と問うのもよいでしょう。そして，最後には作ったねじブロックを分解して，きちんと容器内の元の位置に戻すこと。ここまでがワークショップです。

　なお，スターターキット44個の部品でも，さまざまな組み合わせができますが，さらなるオプションパーツも用意されています。また，M8のねじならば他の規格品等でも拡張できますし，タップやダイスを活用して，新しいブロックの製造に取り組むことも可能です。

図5.13　ねじブロックの作品例

⑵ ねじボトル

　ねじボトルは，ペットボトルの中にいれたM8×25の六角ボルト，六角ナット，座金をそれが入る穴があいている棒に締結する玩具です。締結できたら，次は再度ゆるめることもできます。そんなことができるのかと思われるかもしれませんが，ねじは頭部に直接触れなくても，締め付けたりゆるめたりすることができるのです。ペットボトルの中でねじを締結していく様子を図5.14に示します。どうしてそのようなことができるのでしょうか？　ヒントは「振動」です。

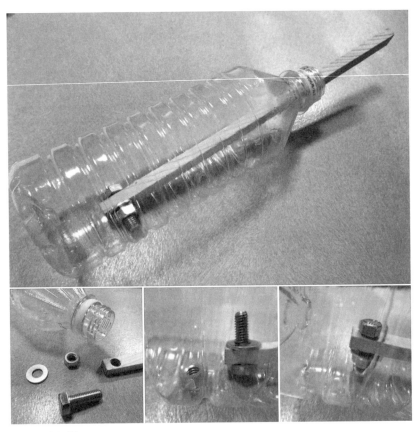

図 5.14　**ねじボトル**

ねじボトルでねじを締結する手順を紹介します。

(1) はじめに細長い棒を利用してペットボトル内の中央から底に近い部分に六角ボルトを立ててください。

(2) 六角ボルトを立てることができたら，ここに細い棒の穴を通します。

(3) 細い棒を反転させて，座金をすくうようにしてひっかけます。

(4) 再度細い棒の向きを反転させて，六角ボルトの端部を六角ナットに垂直にあてます。この垂直というところがとても重要になります。

(5) 細い棒を振動させることでねじが少しずつ回転をはじめて締まるのですが，このときに細い棒の先端で円を描くようにするとよいです。ねじがどちらの方向に回転しているか，六角ボルトの頭部をよく観察します。ここでねじが逆転するようでしたら，先端で円を描く方向を逆にしてみてください。

(6) 少しでもナットが回転をはじめたら，小刻みに同じ回転を与えてみましょう。ペットボトルの容器の凹凸部分などを上手く利用して，周期的な振動を与えることも可能です。また，同じくゆるめることも振動を与えることで可能です。

　細い棒に9mm程度の穴をあければ簡単に作れますので，ぜひチャレンジしてみてください。なお，細い棒の断面は12mm×8mmが最適です。ペットボトルの形状によっても難易度が変わるのもねじボトルのおもしろいところです。

　Make Faireではさまざまなワークショップが開催されていますが，ファブラボ関内がMaker Faire Taipei（メイカーフェア台北）で開催したねじボトルのワークショップは好評で常に人だかりができていました。タイムトライアルの勝者に贈られたレーザー加工機で自作したメダルを図5.15に示します。

図5.15　ねじボトルの勝者へのメダル（上村元彦 作）

③ ねじの動物園

　ねじ好きになると，身の回りのねじがとても気になるようになります。さまざまなねじを発見すると，私たちの生活はねじに囲まれていることを実感できます。ただ発見するだけでなく，それらを集めてどんな動物に見えるかを考えてまとめるのが「ねじの動物園」というプロジェクトです。その事例を図5.16に紹介します。

　手すりの下には（a）ゾウがよくいます。別の手すりには（b）コアラがいました。ガードレールの近くでは（c）カエルを見つけました。また（d）カバも発見しました。

　皆さんもぜひ身のまわりにいるねじの動物を探してみてください。

(a) ゾウ

(b) コアラ

(c) カエル

(d) カバ

図 5.16　ねじの動物園

④ ねじの博物館

　2014年1月，台湾の高雄市岡山区に「ねじの博物館（台灣螺絲博物館）」がオープンしました。この地域にはねじの製作所が集積しており，台湾におけるねじ製造の重要な拠点です。博物館の建物は3階建て，1階にはねじの製造工程がわかりやすく説明される展示があり，2〜3階には，ねじの各種統計を示した展示や地域のねじ工場の展示が60社以上もあります。その展示内容は小型から大型のボルトやナット，そしてその具体的な用途として医療用，航空用などの幅広い用途が示されています。また，ねじをデザインしたイラストなども各所に展示してあり，子ども向けのワークショップなども開催されています。ねじの博物館の写真を図5.17に示します。入り口には，六角穴付きボルトの大きなオブジェがありました。

(a)　外観　　　　　　　　　　　(b)　内部の展示

(c)　六角穴付きボルトのオブジェ

図 5.17　ねじの博物館

5.3　すべてのメイカーがねじ好きに

　本書では，ねじを知る，ねじを使う，ねじを作るという 3 つの観点から，ねじに関する知識や技術を説明してきました。工業高校や大学工学部で機械工学を学んだ皆さんには復習となる事項も書かれていたかと思いますが，ここまでねじについて網羅して教わることができる学校は存在しないのではと思います。

　何かを作ろうとすると必ずと言ってよいほど必要となるねじ。ただ締まればよいという意識で何となくドライバーで締結しても，それほど大きな問題は発生しないことも多いことでしょう。ただし，どんな物事にも道理があり，特にねじのような人工物がこれだけたくさんの種類で存在しているということは，その使い方にもそれなりの道理があるのです。ねじ 1 本を選定するのに，そこまで深く考える必要がないことも多いかと思いますが，少しでもねじに関する知識があれば，メイカーとしての幅も広がることでしょう。

　本書で紹介したねじの作り方に関して，多くの皆さんが切削加工はご存じだったとしても，ねじの圧造や転造についてはご存じなかったのではないでしょうか。金属材料の人工物をどのように作るのかに関しては機械工作という学問があり，さまざまに系統化された工作法が体系化されています。その中で，どうして圧造と転造なのかということを考えることは，ねじの工作法に関する理解を深めることができることはもちろん，他のものづくりの方法を考えるときにも役立つことがあると思います。

　また，本章で紹介してきたねじ好きのメイカーたちが作り出すねじ関連グッズは，必ずしも工業的なねじの使い方ではありませんが，興味をもって購入される方が数多くいます。ねじブロックやねじボトルなども，数々のワークショップやイベントで多くの人を集めて盛り上がっています。ねじにはその螺旋の形状からか，人を集める不思議な魅力があるのです。

　Maker Faire ではさまざまなメイカーがおもしろい作品を展示して，来場者の方々との交流の場となっています。著者も毎年のように Make:Tokyo Meeting の時代から Maker Faire Tokyo に参加しており，最近は Maker Faire Taipei にも出展しています。そんな Make Faire では，さまざまな場面でねじが使用されています。

　Maker Faireに出展されるようなメイカーの皆さんが，さらにねじに興味・関心をもっていただき，少しでもねじに関する知識や技術が向上して，今後のメイカー活動に役立つことがあれば，著者としてうれしい限りです。

　ねじをメイカーのお供に。

（内田佳奈子 作）

■参考文献

「JISハンドブック」『ねじI』『ねじII』日本規格協会，2021

門田和雄『絵とき「ねじ」基礎のきそ』日刊工業新聞社，2007

門田和雄『トコトンやさしいねじの本』日刊工業新聞社，2010

■ねじの大切さがわかる絵本・小説

角愼作「月刊かがくのとも」『ねじ』福音館書店，2015/12

川上健一『透明約束』光文社，2009（ねじ工房で紹介の浅井製作所が舞台）

上野歩『就職先はネジ屋です』小学館，2019（太いボルトの写真を提供いただいた青戸製作所が舞台）

■取材協力（工場及び商社；50音順）

青戸製作所（埼玉県三郷市）

浅井製作所（埼玉県草加市）

アンスコ（愛知県瀬戸市）

オーエスジー株式会社（愛知県豊川市）

岸和田ステンレス（大阪府岸和田市）

サイマコーポレーション（神奈川県藤沢市）

サンコーインダストリー（大阪市西区）

三和鋲螺（東京都大田区）

竹澤鋲螺（東京都港区）

橋本螺子（静岡県浜松市）

西村鐵工所（埼玉県越谷市）

松本産業（千葉県我孫子市）

■取材協力（アクセサリー関係；50音順）

アグモキャンドル

Shirokanefactory

ねじ工房

ねじネジ屋

ファブラボ関内

索 引

著者略歴

門田 和雄（かどた かずお）

1968年横浜市生まれ。

東京学芸大学教育学部技術科卒業。東京学芸大学大学院教育学研究科修士課程（技術教育専攻）修了。東京工業大学大学院総合理工学研究科博士課程（メカノマイクロ工学専攻）修了，博士（工学）。東京工業大学附属科学技術高等学校教諭を経て，現在，宮城教育大学教育学部技術教育講座教授。

機械技術教育の実践と研究を活動の柱として，教育研究に従事している。

特にねじに興味を持ち，ねじ工場やねじ商社など，ねじ業界には知り合いも多い。

【主な著書】

『もの創りのためのやさしい機械工学』技術評論社，2021

『新しい機械の教科書』オーム社，2021

『トコトンやさしいねじの本』日刊工業新聞社，2010

『トコトンやさしい歯車の本』日刊工業新聞社，2013

『トコトンやさしい制御の本』日刊工業新聞社，2011

『門田先生の3Dプリンタ入門』講談社ブルーバックス，2015

本書へのご意見、ご感想は、技術評論社ホームページ（https://gihyo.jp/）または以下の宛先へ、書面にてお受けしております。電話でのお問い合わせにはお答えいたしかねますので、あらかじめご了承ください。

〒162-0846　東京都新宿区市谷左内町21-13
株式会社技術評論社　書籍編集部
『メイカーのためのねじのキホン』係
FAX：03-3267-2271

カバー・本文デザイン●轟木亜紀子（トップスタジオデザイン室）
DTP ●株式会社トップスタジオ

メイカーのための ねじのキホン

2022年2月18日　初　版　　　第1刷発行

著　者　　　門田　和雄
発行者　　　片岡　巌
発行所　　　株式会社技術評論社
　　　　　　東京都新宿区市谷左内町21-13
　　　　　　電話　03-3513-6150　販売促進部
　　　　　　　　　03-3267-2270　書籍編集部

印刷／製本　日経印刷株式会社

定価はカバーに表示してあります。

ISBN978-4-297-12673-5　C3053
Printed in Japan